美国心理学会情绪管理自助读物
成长中的心灵需要关怀 · 属于孩子的心理自助读物

我的青春期
青少年心灵成长指南

The Tween Book
A Growing-Up Guide for the Changing You

［美］温迪·L.莫斯（Wendy L. Moss）
［美］唐纳德·A.莫塞斯（Donald A. Moses） 著

王 尧 译

化学工业出版社
·北京·

图书在版编目（CIP）数据

我的青春期：青少年心灵成长指南/［美］温迪·L.莫斯（Wendy L. Moss），［美］唐纳德·A.莫塞斯（Donald A. Moses）著；王尧译. —北京：化学工业出版社，2017.10（2025.4重印）

（美国心理学会情绪管理自助读物）

书名原文：The Tween Book: A Growing-Up Guide for the Changing You

ISBN 978-7-122-30397-4

Ⅰ.①我… Ⅱ.①温…②唐…③王… Ⅲ.①青少年-心理健康-健康教育 Ⅳ.①B844.2

中国版本图书馆CIP数据核字（2017）第191053号

The Tween Book: A Growing-Up Guide for the Changing You, by Wendy L. Moss, PhD and Donald A. Moses, MD.
ISBN 978-1-4338-1924-7
Copyright © 2016 by the Magination Press, an imprint of the American Psychological Association (APA).
This Work was originally published in English under the title of: **The Tween Book: A Growing-Up Guide for the Changing You** as a publication of the American Psychological Association in the United States of America. Copyright © 2016 by the American Psychological Association (APA). The Work has been translated and republished in the **Simplified Chinese** language by permission of the APA. This translation cannot be republished or reproduced by any third party in any form without express written permission of the APA. No part of this publication may be reproduced or distributed in any form or by any means, or stored in any database or retrieval system without prior permission of the APA.

本书中文简体字版由the American Psychological Association授权化学工业出版社独家出版发行。

本版本仅限在中国内地（不包括中国台湾地区和香港、澳门特别行政区）销售，不得销往中国以外的其他地区。未经许可，不得以任何方式复制或抄袭本书的任何部分，违者必究。

北京市版权局著作权合同登记号：01-2015-7931

责任编辑：战河红　肖志明　　　　　装帧设计：邵海波
责任校对：王　静

出版发行：化学工业出版社（北京市东城区青年湖南街13号　邮政编码100011）
印　　装：中煤（北京）印务有限公司
889mm×1194mm　1/20　印张7½　字数80千字　2025年4月北京第1版第15次印刷

购书咨询：010-64518888（传真：010-64519686）　售后服务：010-64518899
网　　址：http://www.cip.com.cn

凡购买本书，如有缺损质量问题，本社销售中心负责调换。

定　价：30.00元　　　　　　　　　　　　　　　　　　　　　版权所有　违者必究

目录

致小读者的信

第一章　成为一名青少年   1
    做你自己！   3
    成长没有统一的时间表   8
    社交生活的开始   12
    感觉、想法和行为的变化   14

第二章　青少年在家里的变化   18
    角色的改变   20
    和父母相处的变化   23
    和兄弟姐妹相处的变化   27
    家庭时间，还是和朋友在一起的时间？   28
    记住：你的想法会改变！   29

第三章　青少年的独立性   32
    你是否独立？   34
    学会独立   37
    自主思考   39

第四章　作出决策，设定目标   43
    作出决策   45
    设定目标   49
    三种类型的目标   52
    目标的优化选择   56

第五章　青春期的生理变化　　　60
　　生理变化　　　62
　　身体意象　　　71
　　讲究卫生　　　74
　　展示自己　　　76
　　拥有自信　　　77

第六章　爱慕和约会　　　80
　　被别人吸引　　　82
　　应对他人的捉弄　　　85
　　处理约会的问题　　　89

第七章　青少年的社交生活　　　94
　　友谊会发生变化　　　96
　　结识新朋友　　　98
　　在朋友中扮演的角色　　　101
　　和朋友组团玩耍　　　103
　　单独和孤独　　　107

第八章　社交生活中的主要问题　　　111
　　谎话、谣言和嘲笑　　　113
　　欺凌和旁观　　　118
　　同龄人的压力　　　122
　　家庭规则　　　123
　　社交媒体　　　124

第九章　青少年在学业上的变化　　　128
　　更多的作业和责任　　　130
　　能否走捷径?　　　137
　　找到最佳的学习环境　　　140

结　语　　　143

致小读者的信

亲爱的小读者：

欢迎你来到青春期！当我们在你这个年龄时，"青少年"这个词语不像现在这样被广泛使用。我们仅仅是被认为处于"小孩"和"年轻人"的中间时期。当然，现在的你已经意识到：青春期是一个非常重要的时期。你正在学习变得更加独立、坚韧、成熟和社会化。也许你正在学习了解自己现在喜欢的事物、喜欢的人，以及你长大后想成为的那个人。很多青少年甚至开始设定目标以及自己作出一些决定了。这是一个充满变化和可能性的时期！

在你成为一名青少年的这段时间里，你有时会感到强大自信，有时会感到困惑、不确定，这本《我的青春期：青少年心灵成长指南》将会指导你。你将会阅读到自己和周围人可能开始发生的变化，你也将有机会思考自己想继续保留童年时期里的哪些东西，以及如何找到适合你自身成长速度的方法。

本书将会讨论青少年如何适应变得更加独立，但有时也仍然需要依靠别人。你将会学到如何为今天和未来的自己作出决定、设定目标。

当然，青春期也涉及青少年的生理变化。你将会了解到这些变化是如何令你感觉被另一个人吸引的，以及你应该如何处理这些新的感觉。青春期不仅涉及身体的变化，你的社交生活也会发生变化。你的友谊会发生变化，也许你需要处理社交冲突的方法，需要知道当你在社会上受到不公正对待或被欺凌时应该怎么办。最后，你将会阅读到如何完成在学校中更多的工作以及承担起新的责任。

在我们正式开始阅读之前，我们要感谢很多与我们分享经历以及向我们提出问题的青少年。本书将他们分享的想法、观点和问题都收录进来。但是，他们的姓名、年龄和关键的词语已经做了改变，这样可以保证我们之间的谈话仍然属于隐私和保密。虽然书中的事例是从我们交谈时得到的信息综合而来的，但是，我们觉得在此分享的这些经历和想法对你这样的青少年是共通的。

准备好开始青春期的旅行了吗？从你翻开本书的前几页，你就已经开始了！也许你会发现：有父母或自己信任的大人的陪伴阅读对你是有帮助的，你们可以讨论一些新观点和新概念。也许你会发现自己通过这种方式会了解得更多。你的父母也会从你的想法和感觉中得到一些有趣的信息！现在，请你享受自己的阅读旅程吧！

——温迪·L.莫斯博士，唐纳德·A.莫塞斯博士

第一章

成为一名青少年

你来了!你正好处于童年和青年之间,是一名青少年。但是它的真实含义是什么?感觉怎么样?发生什么变化了?你对自己成为一名青少年是否感到轻松?花些时间考虑一下自己的感觉、想法和行为。

下面这些句子是否描述了你？

- ☐ 作为一名青少年,我知道自己想要继续追求的活动和兴趣。

- ☐ 我可以控制自己从青少年到青年的速度。

- ☐ 我已经考虑过我想去尝试的新的兴趣和活动。

- ☐ 我能做到平衡学校作业、课后活动和与朋友们外出玩耍的关系。

- ☐ 我对自己正在成长为青少年的情绪变化感到很舒服。

- ☐ 我对自己产生的新想法和新观点感到很舒服。

- ☐ 我对自己的行为与处境相匹配感到很舒服。

对于一名青少年来说，没有绝对正确的方式去感觉、思考或者行动。对青年、成人来说，也是如此。不过这个时期会有一些改变。你也许注意到身体上的变化了，你想有更多的自由去做决定，你和朋友的友谊以及想做的活动也许会变化，甚至你会发现自己现在的一些想法和观点与过去也不一样。有些青少年希望变化迅速发生，有些则喜欢从童年到青少年时期有一个更加缓慢的过渡。

变化是青春期的一个重要组成部分。如果你对发生在生活中的变化完全适应，这太棒了；如果你通过本书来学习如何更加适应这些变化，那么也是不错的。欢迎你加入青少年的行列！

做你自己！

很多青少年会感到奇怪：他们是否不得不跟能让他们作为一个小孩子的一切说再见。例如，扎克认为，他需要把自己的玩具卡车和毛绒动物送给表弟，如果这些东西还在自己房间的话，会被别人嘲笑。梅勒妮考虑是否要停止玩自己的布娃娃和装扮成一位有名的电影明星，她担心如果朋友们知道自己仍然喜欢这两件事，会笑话自己。像扎克和梅勒妮这样，你已经做自己好多年了，你可能会对此感到很舒服。

那么，所有的事情需要改变吗？青少年需要表现出一种特定的方式吗？因为成为青少年，就一定要放弃过去经常玩的玩具和游戏吗？你认为什么是正确的答案？

简短的答案是"不"！如果你认为需要放弃游戏、爱好和自己小时候喜欢的活动，那么请再考虑一下。有些青少年选择继续像之前那样玩耍；有些青少年则告诉其他人："我不再玩小孩子的东西了！"开始去做全新的事情；有些青少年在朋友不在身边时，仍然喜欢玩童年里最喜爱的玩具。不管你的决定是什么都没有问题。你可以把注意力集中在新的经历上，也可以在成为一名青少年后继续坚持做以前喜欢的事情。怎样选择，完全取决于你自己。

当你决定像一名青少年那样表现时，也许会有人给你压力，让你"做与年龄相符的事"！你的朋友也许对你和他们有特定的期望，你应该如何观察、行动以及现在应该如何做才能表现出是青少年。你的父母也许会鼓励你尝试新的活动或担负起更多的责任，从而为几年后你成为一名青少年做好准备。还有，你的老师也许会指导你以一种更加独立的方式完成自己的作业。很明显，在你的青少年时期有很多需要做的事情。

好消息是，你可以学习怎样处理这些新的期望发生的变化。现在到了做下述事情的时候了：确定自己在青春期希望成为的样子，如何轻松地应对朋友、父母和老师对自己发生的变化的期望。在本书中你将会读到更多关于上述话题的内容。

知道现在该怎么办：

成年人中的年轻人

并不是只有青少年保留童年时期最爱的玩具和活动，很多成年人也做着"孩子的事情"！你知道为什么青少年读物（比如哈利波特和分歧者系列）如此流行吗？因为成年人也在阅读它们。根据一项最新的研究，购买青少年读物的人中，有高达55%的人是成年人。你也许会认为这些成年人是为孩子买的。当进一步询问时，78%的成年人说是自己阅读的。成年人的生活也可以有充满趣味、无忧无虑的一面。青少年和青年也许会害怕自己的行为像个小孩，但实际上保留小时候的一部分美好是可以的甚至是健康的。

New study: 55% of YA books bought by adults. (2012, September 13). *Publishers Weekly*. Retrieved form http://www.publishersweekly.com/pw/by-topic/childrens/childrens-industry-news/article/53937-new-study-55-of-ya-books-bought-by-adults.html

保留"童年时期的东西"

下面是一些青少年说的自己喜欢继续做的童年活动：

- 收集洋娃娃
- 爬树
- 搭积木
- 捉迷藏

你能想到当你成为青少年后仍然想保留的兴趣或爱好吗？你可以

把它们写在一张纸上，让自己永远都记得。

也许你永远都不会改变一些爱好。但是，你可能会考虑如何将童年的爱好发展为青少年的兴趣。例如，还记得喜欢玩儿玩具卡车的扎克和喜欢装扮成电影明星的梅勒妮吧？扎克可以开始做汽车模型，梅勒妮可以争取进入学校的话剧社或者剧院的培训营。

下面是一些更多关于提升青少年之前活动的方法：

- 收集洋娃娃 ➡ 为洋娃娃做衣服
- 爬树 ➡ 攀岩
- 搭积木 ➡ 创造建筑设计
- 捉迷藏 ➡ 玩寻物游戏

现在，你能更进一步将这些新的活动转换为成人的工作或者爱好吗？下面是一些有趣的想法：

- 收集洋娃娃 ➡ 为洋娃娃做衣服 ➡ 服装设计
- 爬树 ➡ 攀岩 ➡ 以消防员的身份工作
- 搭积木 ➡ 创造建筑设计 ➡ 成为建筑师
- 捉迷藏 ➡ 玩寻物游戏 ➡ 制作地图

看到了吗？你没必要仅仅因为长大而改变自己或者自己的爱好。

参加新的活动

随着慢慢长大,你可能会有机会尝试新的活动。例如,你也许会参加学校或者社区为大孩子们开设的俱乐部。在未来几年里,运动团队将会变得更加有竞争性。作为一名青少年,你有机会尝试各种不同的运动,以决定自己在将来是否把重要的时间投入其中。

在青少年时期,参加运动团队会有特别的挑战。例如,丹尼尔参加了学校的越野田径赛跑队,他喜欢田径,几乎从会走路时就开始跑步。但是当丹尼尔第一天走向跑道和教练见面时,他发现大部分朋友在一个夏天里已经长了很多,他不再像自己的朋友们那样高。起初,丹尼尔感觉不舒服,甚至害怕会失去自己在田径方面的优势,他跟教练交流了这些想法之后,猜猜怎么样?丹尼尔的教练并不为此担心,丹尼尔的速度和耐力仍然很强。在和教练交流之后,丹尼尔对继续留在田径队感到舒服了,并且整个赛季也感觉不错。

并不是每个青少年都想加入运动团队或者以更加有竞争性的水平继续一项运动,还有很多别的活动或爱好可以去追求。如果你在寻找能和一群青少年一起活动的方法,可以试着加入学校里对你有吸引力的社团。许多社区的图书馆或活动中心里也有这个年龄段的课后社团或者活动安排。例如,你可以加入艺术社团、剧院社团、舞蹈社团、读书俱乐部或者其他团队。关于选择你感兴趣的活动的一些建议,你可以询问社团的负责人。另外,比自己大的孩子、父母、老师等,你都可以多问问。如果你找不到一种吸

> 许多社区的图书馆或活动中心里也有这个年龄段的课后社团或者活动安排。

引自己的社团，也许你可以独立地做一些事情。

在选择一周或一个月里自己想要尝试的活动之前，先在纸上或电脑上对自己认为可能感兴趣的事情列出一个清单，然后检查清单，决定哪些事情现在尝试，哪些事情以后再做。

成长没有统一的时间表

有些青少年希望能有一本清楚的成长规则手册，以便确切地知道应该做什么、说什么以及什么时候去做和说。然而，这样的手册根本就不存在。对一名青少年而言，没有明确的时间表、精确的言辞和准确的行事方法。但是，这也是件好事，这意味着你作为一个独立的个体，在形成自己的时间表和成长期限上可以有自己的创造性。你可能已经注意到孩子们以不同的速度走向成熟——有些女孩比班上的男孩都要高出一头；有些男孩的嗓音低沉，有些则不是。正如身体的变化有不同的速度，青少年的"准备就绪"也有自己的时间表。

> 你作为一个独立的个体，在形成自己的时间表和成长期限上可以有自己的创造性。

青少年的精神和情感发育遵循着独特的时间表，并且受个人的身体变化、激素变化和情感成熟度所影响。有些因素可能会超出自己的控制能力；但是，有些变化你可以控制，并且能够自己处理。想象一下，有男孩或女孩约你外出，但你根本不想约会，你能控制这种情况吗？是的。那么，如果你的妈妈在邻居家做事，希望你自己做午饭或者照顾你的弟弟，你能控制这种情况吗？也许会，也许不会。无论哪种情况，你都可以用一种成熟和尊重的方式来分享自己的感觉和想法。

也许你会期望自己长得快些，以便有更多的自由和责任自己做决定。但是有时候，也许你又会希望自己被照顾，或者没有任何压力地做事或做决定。对孩子、青少年甚至成年人而言，有时需要被照顾并不少见！记住：你不必马上承担起成长的责任。幸运的是，你有时间去经历从孩子到成人的变化。成长是一个缓慢的过程，慢慢来！形成自己的时间表，和父母商量并决定什么适合自己。在独立承担一些事情之后，直到自己适应了，再考虑继续向前发展。

例如，作为一名青少年，萨曼莎开始自己挑选衣服、制作自己的创意午饭。她对这种逐渐增加的自主性非常适应，也很享受这一过程！当萨曼莎拥有更多的自主性时，她通过做更多的家务来挣钱并积攒起来买新衣服。当她攒下足够的钱后，她会和妈妈一起去逛街。在萨曼莎想买什么衣服这件事上，萨曼莎和妈妈达成了一致，特别是萨曼莎是用自己的钱买衣服，但是妈妈拥有否决权。萨曼莎知道妈妈信任自己，并且她认为成熟的一部分是同样地信任妈妈。萨曼莎的妈妈虽然拥有否决权，但也欣赏女儿对选择衣服的信心和购买这些物品的努力过程。萨曼莎对自己能买新衣服而感到自豪，这也反映出她从童年到青少年的变化。

知道现在该怎么办:

对变化的不适

你知道吗？心理学家和哲学家曾指出，人们经常遭遇的一些主要的痛苦或者不适，其中一个典型方面就是对变化的不适或畏惧。处理这种情绪的第一步就是确认和接受问题的存在，然后无论如何都要找到继续前进的方法。

一些青少年喜欢拥有成长和更加独立的机会，但是你知道对成长感到焦虑是完全正常的吗？很多大学生会对毕业后进入现实社会和求职感到紧张。一个工作多年的成年人，可能多年来都会有害怕退休的想法。任何年龄段的变化都是令人兴奋的，但当你面对新的不可预知的情况时也可能会产生焦虑感。

Shore, D.A., & Kupferberg, E.D. (2014). Preparing people and organizations for the challenge of change. *Journal of Health Communication*, 19, 275 - 281.

如果对你而言变化发生得太快，你应该怎么办？下面是一些你需要牢记于心的提示：

- 向自己信任的人寻求帮助，应对自己生活中发生的变化。
- 做让自己感觉舒服的决定，而不是那些让自己感到有压力去迎合朋友的决定。
- 你没必要尝试一切新的经历或行动方式，如果感觉不好，那么可能就不适合现在做。

> - 提醒自己：要做你自己，确保自己正在做的事情是自己想要做的。

对其他人现在就能做好而自己感觉还没做好准备的事情，不用担心，记住：成长没有统一的时间表！

青少年的专属时刻：艾玛的故事

艾玛把安德鲁约自己外出的事告诉朋友们："我感到高兴的是他对我感兴趣，但我对约会还是有点儿难以接受。"大多数朋友表示可以理解她的感受，还有一些人觉得她不想和安德鲁外出的想法有点儿奇怪。

艾玛和妈妈交流时，说到自己对约会还没有做好准备，但是她也不想让安德鲁感到伤心。妈妈提醒她，不应该为了取悦别人而去做让自己感到不舒服的事情。所以，艾玛告诉安德鲁，说自己还没有对约会做好准备，希望长大些后会对此感到适应。

安德鲁对约艾玛外出没有感到不适应，但是他的朋友哈利却感到自己还没做好约女孩外出的准备。无论如何，记住这一点都是有用的：在这个年龄段里，没有所谓的正确方式。所以，哈利、安德鲁和艾玛的感觉都是正常的。

这种"约会的困境"是否在你身上发生过？

如果你是艾玛，你会如何处理？

社交生活的开始

朋友就像生活中的调味剂、雨后的彩虹。从小孩到大人,很多人都喜欢外出玩耍、聊天以及和朋友一起享受生活。青春期也一样,但不是像小时候那样玩耍,可能是与朋友一起外出、讲故事、聊天或者尝试一些新的活动。青春期的社交生活变化对一些人来说可能是恐惧或挑战,也可能是令人非常兴奋的。你的很多朋友可能也正在寻找适应这些新变化的方法,所以,你并不孤单。

有时,和朋友交流并弄明白如何处理自己长大的事情是一种方法。如果你在寻找和朋友谈论关于你遇到的变化的方法,可以考虑以下主题:

- 询问他们对不再做童年时最喜欢的事情的想法。
- 谈论一下他们觉得小时候错过最多的是什么。
- 如果你真的相信自己的朋友,承认成为青少年有时会让自己感到困惑,并且询问朋友是否也感到困惑。
- 讨论一下你们期待的更多改变。

> 试着加入社团或者参加其他群体活动,以便和朋友有私人的社会化交际。

通过与朋友进行交流,你可以学到很多。你的朋友甚至可能会对听到与他们相同的一些事情感到释然。

如果你与朋友的交流通常是通过短信、网络电话、视频聊天或其他社交媒体,你可能会想为自己的社交方式增加一些丰富的色彩。换句话说,试着加入社团或者参加其他群体活动，以便和朋友有私人的社会化交际。当你们在同样的房间里，一起说着或做着一项社会活动时，你可以发现朋友新的一面。比如，你的朋友是否当面交流比网络交流更幽默？当你们坐在一起交谈时，你也许会觉得与朋友更加亲密。你也会发现与别人面对面地一起做活动是特别有趣的一件事情！

青少年的专属时刻：丽萨的故事

在和朋友出去玩耍、谈论男孩、讨论时尚以及与最好的朋友一起画画这些事情上，丽萨花了很多业余时间。丽萨的父母告诉她："这是在浪费时间，你应该参加一些社会活动。"父母希望丽萨去参加学校的社团或者尝试某项运动。你对丽萨安排自己的时间有什么看法？如果你是丽萨，你会怎么做？

丽萨是否给了自己结识新朋友的机会？

如果丽萨喜欢某项运动或者社团，她是否给了自己一个真正尝试的机会？

如果丽萨就是每天和朋友在一起，她现在所学到的是否足够了？

你也许会发现，有时对自己需要做的事、思考的事和梦想的事很难做到平衡。但是，只要稍微计划一下，就可以找到平衡的方法。有很多方法可以去享受自由时间和社会交际的时间。和朋友交谈、分享相互的感受和经历，能够加深你们的友谊。尝试新的活动能够产生新的兴趣，对新鲜且安全的经历变得易于接受后，也能为自己带来一些愉快经历。

感觉、想法和行为的变化

假设你想象着一座桥,一端是童年,另一端是青年,那么现在的你,正好站在桥的中间。你正好处于两者之间,这就是你为什么被称为青少年的原因。当你在桥中间时,你可能有时会像离开桥的起点那样,感觉、想法和行为像一个孩子;有时会像离开桥的终点进入成年人阶段那样,感觉、想法和行为像一个青年。虽然这很正常,但有时也会给你带来不适的感觉。幸运的是,当你经历这段历程时,会有人指导和支持你,比如你的父母、其他值得信赖的成年人、兄弟姐妹,甚至你的好朋友。

感觉的变化

你坐过过山车吗?你记得那种上上下下、高高低低的感觉吗?现在的你可能感觉自己的情绪就像在坐过山车一样高低起伏。比如,克里斯感到很困惑:"为什么昨天公交车上的孩子拿了我的帽子后我会哭?通常我只要告诉他住手,自己表现得很恼怒,然后要回来帽子就行。还有,我上周因为担心社会学考试而睡不着觉。我以前从来没有过像小孩子这样的行为。"

实际上,克里斯的反应并不是小孩子的行为。他的行为恰恰是一名青少年的表现。正如你将会在本书中读到的,别人对你的期望以及你对自己的期望,可能都会开始改变。现在你可能会对认识新朋友、在学校学习不同的科目以及参与家庭决策这些事情感兴趣。在你进入青春期后,你的家人、老师甚至朋友可能也会开始期望你在青少年阶段以某种特定的方式行动。这些期望的变化会让你感到有压力,更加情绪化。

当然,也许你还没有意识到,但现在已经有特定的荷尔蒙的变化让你看上去变成熟

> 别人对你的期望以及你对自己的期望,可能都会开始改变。

了。这些荷尔蒙也能体现在你身上，让你对外界感觉更加强烈。这是好还是坏？事实上，两者都不是！你需要进一步去了解和理解这些，这样，你就不会对正在发生的事情感到太困惑了。

想法的变化

你是否注意到你的一些朋友开始以一种更加富有哲理的方式思考问题？这意味着他们开始询问一些甚至是成年人也无法回答的问题。一些青少年会去询问朋友和成年人来提供信息，一些青少年会在网上或图书馆里查阅和研究信息。有些青少年天性好奇，所以不要惊讶于他们想知道的欲望！青少年可能会开始询问一些问题，诸如他们在世界上处于什么位置，他们会对世界造成什么样的影响或变化，他们长大成为成年人后做什么工作能得到他们想要的东西，等等。

知道别人在这个年龄段时是如何处理这些新鲜想法的，是否会对你有所帮助？你是否有一些想要和别人谈论的想法和问题？你是怎样表达自己的观点或与朋友分享自己的感觉的？下面是一些指导原则（对所有年龄的人都适用）：

- 确保你不是因为同龄人的压力而做出声明。
- 考虑一下与别人分享自己的想法或感觉的后果。是否有些事情不说为妙？
- 记住：话一旦出口，就无法收回。所以，想好之后再说！
- 知道有时与朋友分享你的想法和感觉后，你会对朋友了解更多。如果你决定与朋友分享自己的想法和感觉，他们也想这样的话，一定要确保给朋友留些时间，以保证他们也可以分享自己的想法和感觉。

当你在思考重要的想法时，请记住你并不是一个人。青年甚至成年人也在努力解决这些复杂的想法。没有人期望你会有所有的答案和解决方法，现在开始考虑这些重要的想法是正常的。

行为的变化

青少年有时会表现得非常幼稚，有时会表现得有些成熟，有时甚至会表现得非常成熟，这正常吗？是的！你可能甚至感觉到自己内部有三种不同的人——过去的小孩子、现在的大孩子和将要成为的那个人。这是很多人日常生活的状态，而且很难确定某一天或某个地点是这三种人中的哪一种人。

你可能也注意到自己有三种（或者更多）的行为方式。这个挑战是你的行为与环境要相匹配。假设你在姑姑的婚礼上，因为没有马上吃到婚礼蛋糕而发脾气，也许你就能理解父母的"皱眉"行为以及让你"做与年龄相符的事"的要求。

史黛丝喜欢看电视时紧紧依偎在奶奶身边，她觉得和奶奶在一起，自己就是一个快乐的小孩。但是，史黛丝也喜欢和朋友一起玩耍，努力做学校的作业和项目。她的第三种状态几乎和成年人一样，有时也会出现，比如当她和父母坐在一起谈论政治和国际事件时。如果史黛丝的哥哥仅仅因为史黛丝依偎在奶奶身边而告诉她"做与年龄相符的事"，史黛丝可能就会感到生气，因为她的表现和年龄很相符！

花些时间想一下你什么时候表现得像个小孩子，什么时候表现得像个青少年，以及什么时候表现得像个成年人。你是否觉得自己的行为与环境相匹配？

青少年
注意事项

- 无论对长大的感觉害怕与否,这都是正常的。

- 大多数青少年在长大后,都会找到方法继续保留童年时期里最喜爱的那部分。

- 即使青春期里发生了很多变化,但你仍然是你自己。

在本章中,你了解到成长没有一个正确的方式,在你处于青春期中试图确定怎样做好自己时,这项知识可能会帮助你减轻压力。在下一章中,你将会了解到成为一名青少年后,可能会改变家庭成员对你的认识以及你在家里的表现。

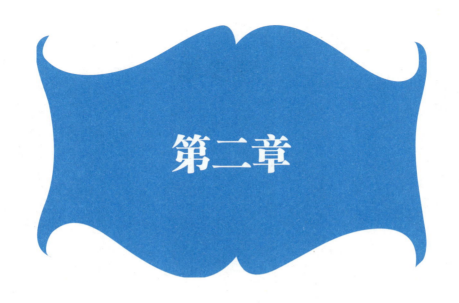

青少年在家里的变化

现在你是一名青少年了,也许你已经注意到自己和父母以及兄弟姐妹相处的方式开始发生改变了。也许你感到父母烦扰你、兄弟姐妹打扰你,或者没人理解你;也许一切都很轻松和谐,你们相处得非常好!

想一下你的家人，请花些时间考虑一下下面列举的事项是否适合你。

- ☐ 大人们认真对待我，对我讲的话也很注意听。
- ☐ 我意识到自己能够承认不知道一些东西，而且这没什么。
- ☐ 我能和父母交流，以便他们能更好地理解我。
- ☐ 当我对一些事情感到困惑时，我能很轻松地向父母提问。
- ☐ 我和我的兄弟姐妹一起努力确保我们相处得很好。
- ☐ 有时我会改变让父母怎样对待我的想法。
- ☐ 我尽力保证给家庭和朋友各留一些时间。

作为一名青少年,并不意味着你会在家里有什么问题。实际上,在你成为青少年之后,有时会更加轻松地和家人一起做更多的事。你的家人会做一些小孩子不能做的事情,比如长途旅行或郊外野营。你也可能和家人在对国际事件或政治上有更加成熟的交流,分享更多的家庭责任。即使你们有争论,好消息是你也能找到解决的办法。

> 这是家里每个人都在发生改变的时间。

这是家里每个人都在发生改变的时间。如果你是最大的孩子,你的父母现在会拥有他们的第一名青少年!你的兄弟姐妹也一样。即使你不是最年长的孩子,你的青春期可能与你的哥哥姐姐也完全不一样。记住:你是一名青少年。这是你的时间。成为一名青少年之后,你需要通过思考和交流来确定:你在家里的角色是如何改变的,你现在想要的和需要的是否发生变化,你和家人如何建立相互之间更加轻松的关系。

角色的改变

在家里当了这么多年的小孩,现在需要花一些时间,让你自己、你的哥哥姐姐以及你的父母意识到你正在长大。你也许会感到自己的想法和观点应该被认真对待,就像其他成年人那样!

很多青少年开始领会到,他们有一些独特的观点可以和别人分享了。因为青少年正在长大成熟,可能会觉得现在是分享自己的观点和被人倾听的时间了。这是否描述了你?你是否想让别人尊重你的观点、想法和主意？下面是一些你可以做的事情：

- 选一个安静的时间，父母可以倾听你的心声，告诉他们你的感觉。
- 学会幽默说话。比如，你可以开玩笑说："当你们准备好接受一个好主意时，请让我知道！"
- 重复别人说的观点，然后分享自己对这个观点的看法。
- 尊重别人的观点。

现在，假设你们全家要去海边度过周末，你的父母想在周六早上出发，而你想周六一天都在海里冲浪或在沙滩上堆城堡！你也许可以尝试刚刚读到的提示，然后这样说："妈妈，我知道您经验丰富，我也知道如果我们在周六早上出发就会避开交通高峰。但是如果我们周五晚上7点出发，是不是也能避开交通高峰？这样的话，我们周六醒来就能在沙滩上玩了。我们也可以休息好，马上开始我们的假期。我会为我们的旅程选些零食！"

青少年的专属时刻：德文的故事

德文对怎样帮助爷爷调整起居室有一个很棒的主意，但是他的父母和姐姐只是在谈论而没有时间听德文说话。德文开始大叫："你们都不听！你们从来都不听我说话！"然后他跺着脚跑回自己的房间，重重地关上了门。

是否有同样的事情发生在你身上？

你认为事后德文的父母会不会更愿意听德文说话？

你认为德文有别的办法来让家人听自己说话吗？

如果是你，你会怎么处理这种情况？

青少年有时想参与成年人的谈话，希望被尊重、被倾听。但有时，当大人开始倾听他们说话、征求他们的想法和主意时，会引起他们的担心或自信心的问题。

当有人把你推到台前，在你有机会思考之前要你想出主意，你肯定会感到有压力而说一些能表现"聪明"或"长大懂事"之类的话。

如果有成年人问你的想法，而你对与他们分享还没有足够的信心，你该怎么说？你可以试着这样礼貌地说：

- ▼ "我不太确定。我还得考虑一下。"
- ▶ "我对其他问题有主意，对于这个，还没有想到这个问题上。"
- ◀ "你能把情况说具体点儿吗？然后我可以给出我的观点。"

记住：不能因为你是一名青少年，就意味着你应该回答每个问题。即使成年人也无法知道所有的事情——他们需要去阅读相关文章、咨询问题、询问别人的看法。有时，青少年会提出一些大问题，比如：为什么不同国家的人不能和平相处，什么会促使一名运动员采取欺骗的方式或者表现不佳，等等。即使阅读过相关问题或者做过一些研究之后，你的父母也可能不会有答案。如果成年人能够承认他们并不能回答所有的问题，那么你这样做当然也没问题。

和父母相处的变化

现在的你是一个"指导老师"。惊讶吗？你在"指导"你的父母和兄弟姐妹，告诉他们什么时候你能自己处理、什么时候你需要别人的帮助。你可以告诉你的父母：你正在长大，变得更加独立。即使你有多个哥哥姐姐，都没关系。你就是你，是独一无二的你。这并不意味着你要离开父母和哥哥姐姐，你可以帮助他们确定你就是你。

> 你可以告诉你的父母：你正在长大，变得更加独立。

当你是小孩时，你的父母可能更容易理解你。可是现在，当你没有告诉父母而他们也没有理解你时，你可能会感到困惑。不是他们突然变了，也不是他们不关心你，而是你变得更复杂了！成为青少年后，其中令人困惑的一点就是：你可能会在这一分钟里寻求独立自主，而下一分钟里你又需要被充分照顾。这是会让你感到吃惊也会让成年人感到困惑的事情。

例如，马戈描述了自己的父母是如何被青少年行为所困惑的。星期一，马戈穿过当地购物中心后，拥抱了自己的父母。但在星期二，当妈妈送马戈上学、准备和她拥抱离开时，马戈却感到非常尴尬。马戈的父母也不确定到底是和女儿拥抱，还是保持足够的距离以免让女儿觉得不舒服？你是否像马戈一样多变？

随着成长，你要让父母知道，你需要他们做些什么和需要什么样的自由才会让你感到舒服，这是很重要的事情。所以，大声讲出来。父母不可能总能猜透你的想法而知道你的需求，所以你得告诉他们。下面是一些帮助父母能理解你的更多的提示：

- 预测和准备。预测在即将到来的情况中你可能需要父母的哪些帮助，然后和他们交流，这样他们就能提前做好准备。
- 礼貌地说。对父母的请求要好过要求。
- 解释。父母对青少年的一些行为会感到困惑，你需要向父母进行解释以便他们能理解你。

当你向父母求助时，要说得具体些，这很重要。例如，詹姆斯讨厌蒂莫西每次见面打招呼时都打一下他的胳膊。詹姆斯告诉爸爸后，爸爸说："我不想听。为什么我不能告诉蒂莫西的父母呢？我确定他会住手的。"但是詹姆斯想自己处理这件事，所以，他向爸爸请教直接告诉蒂莫西的建议。只要詹姆斯清楚地表明他不需要父母直接干预，他的父母就会给他建议，而不是直接介入。

> 你并不是唯一的改变者。

你并不是唯一的改变者。当你成为一名青少年后，你可能会注意到你的父母的行为也在变化。可能你会觉得他们不再照顾你了，其实他们是想让你真正长大、懂得照顾自己。事实上，他们可能为了你在青少年时期的成长而开始用与之前不同的方式照顾着你。他们可能会让你承担更多的责任，可能会更多地向你提问或询问，而且他们可能还会不允许你再做之前经常做的一些事情了。

贝姬的父母以前在她放学后经常帮她清理背包,妈妈还陪她写作业。现在,他们希望贝姬能独立写作业。妈妈告诉她:"学习是你的工作,你有能力自己做。当你感到困惑时,你可以询问老师。如果你的问题必须马上解决,那就尽快让我知道,我会尽力帮助你,但我相信你能够自己处理大多数的功课。"

你也许会想:我的父母怎么了?他们怎么会变成这样?事实是你的父母还是你的父母,只不过他们照顾你的关注点可能改变了。不再保证你有玩耍的时间、健康的零食和丰富的课外活动,父母现在更关注的可能是:如何为你能成为一名青少年和年轻的成年人而做好准备。对他们而言,帮助你做好准备成为青少年的一种途径是将一些责任或决定权赋予给你。他们可能不会再提醒你去做作业、洗澡、按时睡觉。父母也知道你周围的世界可能不会再接受你充满"孩子气"的举动,即便这些行为在私密的家庭环境中完全可以。所以,他们可能会着重强调一些事情,比如桌面礼仪、邮件问候,或者打嗝儿等发出奇怪的声音。这也许就是他们为什么看起来改变的原因。你可以和父母交流一下,为什么很多事情看起来不一样了,他们可能会对你注意到的事情感到惊讶!

> 父母现在更关注的可能是:如何为你能成为一名青少年和年轻的成年人而做好准备。

有时,父母可能会有不想告诉你的重要事情,因为他们觉得是在保护你。如果父母的行为方式发生了变化,这可能意味着他们感受到了压力，他们可能会变得缺乏耐心，不关注你正在说的话，甚至会更容易生气，对你也会乱发脾气。

如果你注意到这些变化，你也许想问问他们。如果你说："您怎么了？"你可能不会得到想要的答案。试着告诉父母，你现在年龄已经足够大来解决一些问题了，可以听说发生什么了。你可以这样说："妈妈，请不要再保护我了。我已经长大了，需要弄明白到底发生了什么。"

和父母有不同的观点

两个人很少能总是保持相同的观点和目标。婚姻幸福的夫妻有时也会有不同的观点，父母和孩子也会有不同的想法，你和朋友的观点也不会总一致，这些都是完全正常的。重要的是应该如何处理这些不同的观点。

下面是一些解决争议的提示，可以确保每个人都会感到被尊重和被倾听。

- 保持平静。
- 对别人的观点表示尊重。
- 重申你听到的话，让别人知道你听清楚了。
- 提醒别人你还在成长。
- 提出你可以妥协的具体办法。
- 用具体的信息来解释为什么这种情况对你很重要。

知道现在该怎么办：

自尊感的提升

你是否知道：在你是一名青少年时，和父母建立起一种亲密的关系是有帮助的？研究人员发现：无论是自己的生活，还是建立积极的关系，当青少年感到父母倾向于支持自己时，他们会有较高的自尊感。所以，即使你需要从父母那里获得更多的自主性，请记住：父母是你支持团队里重要的成员，而且在将来几年里还会一直支持你！

Bulanda, R.E., & Majumdar, D. (2009). Perceived parent-child relations and adolescent self-esteem. *Journal of Child and Family Studies,* 18, 203 - 212.

和兄弟姐妹相处的变化

你在家里的角色不会因为父母而改变。你不再是以前的小孩子了，现在的你可能会与哥哥姐姐有更多的共同点，但是，让他们知道的唯一方法就是你要"表现出来和说出来"。记得你在幼儿园里的事情吗？当你还是一个小孩子时，你会向全班分享你的想法、兴趣和获得的荣誉。所以，继续这样做吧！到你的哥哥姐姐面前，和他们分享你的想法和兴趣。有时你甚至可以问问是否能和他们一起外出玩耍。

> 到你的哥哥姐姐面前，和他们分享你的想法和兴趣。

如果你有弟弟妹妹，请记住现在你想被照顾的感觉，所以，你可以让他们长大后有一个良好的青少年时期。但是，你的弟弟妹妹还没有进入青少年时期，这可能会让你感到有些挫败感或烦恼，特别是在他们总想和你玩耍或者想跟你外出时。

当蒂娜八岁时,她喜欢和她两岁的双胞胎妹妹一起玩耍。她最喜欢玩的是和她们一起扮演上学的活动。可是她现在已经十一岁了,虽然有时还喜欢和她的妹妹们(现在五岁了)在一起,但是她经常会感到郁闷。蒂娜向妈妈抱怨说:"索菲亚和怀特内很聪明,但她们真让我生气。她们总是想知道我和朋友说什么、我在学校里做什么。她们还老跟踪我、穿我的衣服,甚至像我一样假装用照片分享程序。"

蒂娜的妈妈给了蒂娜一些可以跟妹妹们说的建议。看看这些能不能帮助你:

- "我喜欢和你们在一起,但现在我也需要一些成长的时间了。"
- "当我五岁时,我认为用照片分享程序是很烦人的事。如果你们关注五岁孩子做的事,是很棒的。当你们长大后,你们的朋友也在用这个程序了,我会帮助你们的。"
- "我不能永远和你们在一起,但我们可以为咱们三个小女孩安排一些专门的时间。"

家庭时间,还是和朋友在一起的时间?

你是想和朋友一起做或分享更多的事情,还是和家人?你是否发现自己不愿意和父母一起做或分享更多的事情了?这个现象在青春期是普遍存在的。虽然青少年知道自己与父母相处的时间较少,但是想要相处更多的时间也很困难。你的父母可能会错过与你在一起的时间。

下面是一些提示，可以让你的父母明白为什么你与他们相处的时间较少。

- 提醒父母：现在的你有更多的活动要去参加，而且你不想错过这些活动。
- 让父母知道：你在寻找既能去见朋友又能有家庭时间的方式。
- 安排特别的家庭时间，比如晚上做游戏，这样你的家人就知道你依然想和他们在一起。
- 主动妥协。

通过和父母交流上述内容，主动妥协，为他们寻找时间，你就能让他们更好地理解你。他们可能会被你的成熟感动！

记住：你的想法会改变！

你是否注意到：关于你想被别人怎样对待、你想得到什么，甚至是你的感觉，都已经改变了很多？青春期就是一个变化的时期，所以不用担心，但对你和周围的人来说，可能会感到困惑。

如果你发现自己的想法发生变化了，你要让你的父母或兄弟姐妹知道，自己有时会这样做并不是故意让他们感到困惑的。记得马戈的故事吗？一天想在购物中心拥抱自己的父母，而另一天当妈妈想要和她拥抱时，她却感到难堪？像马戈一样，你也许会对不同时间的同一种情况感觉不同。因为你是一名青少年，所以，有时你会像孩子那样感觉，有时会像青少年那样感觉。如果你和父母或哥哥姐姐对此进行交流，他们也许会比你想象中更加理解你——毕竟，他们也曾经历过青春期！如果你能冷静地解释，甚至弟弟妹妹都能理解。记住，你有权不断改变你的想法，但要让别人知道发生了什么。

青少年的专属时刻：罗伯的故事

十二岁的罗伯发现自己总和父母吵架。他想自己做决定、变得独立，但是他感到父母总想告诉他应该做什么，总想知道他和谁在一起、在什么地方。当父母让他去做自己的杂事时，当父母叫他吃饭时，当父母让他每天晚上洗澡时，他都觉得生气。当罗伯开始参加校外社团、和朋友在一起时，他的父母觉得他们被遗忘了。一天晚上，他的父母说："罗比，我们很想你。为什么我们三个人不能计划一些我们一起能做的事情呢？"罗伯后来告诉自己的朋友："我原以为没有我在身边他们会很高兴，谁知道他们还想我？！"

罗伯首先告诉父母不要再叫他"罗比"了，因为现在他长大了，更愿意被别人叫作"罗伯"。他和父母也在一些事情上达成了一致：罗伯对自己的事应该有更多的决定权，但父母仍然需要做他的"副驾驶"来帮助他做出现在和未来的最好的决定。他们交流之后，罗伯意识到父母的处理方式是灵活的，能让他对生活有更多的掌控，但同时也希望能指导罗伯顺利度过青春期。

罗伯的故事听起来是否很熟悉？

你是否觉得和父母进行一场类似罗伯与他父母的对话，也能起作用？

你是否发生过类似的事情？

如果发生过，你是怎么和家人解决的？

青少年
注意事项

- 你有能力让别人了解自己。尝试一下!
- 青少年通常希望自己被认真对待和倾听。
- 青少年、父母和兄弟姐妹都在努力确定事情是怎么变化的。

在本章中,你阅读到青少年是如何期望自己被认真对待的,你也了解到一些与父母和兄弟姐妹交流的方式。如果你想要父母赋予你更多的独立性,你会怎么办?在下一章中,你将阅读到一些你可以采取的方式来获得更多的自主性、接受新的挑战。

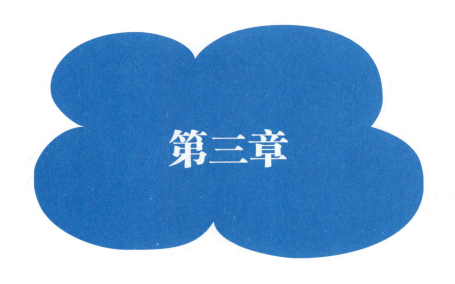

第三章

青少年的独立性

有很多青少年迫不及待地想要完全独立、自己做主；但是，也有很多青少年担心拥有太多的压力、责任和自主性，他们可能担心如果没有父母的帮助，他们不会处理自己的事情或者会对决定感到手足无措。

你的感觉怎么样？ 花些时间阅读一下下面的内容，看这些描述是否说出了你的心里话？

☐ 我知道更加独立意味着什么。

☐ 我知道什么时候需要别人的帮助。

☐ 我有自信处理新的情况，同时，也能原谅自己的失误。

☐ 当我知道自己能做什么事情时，就不会让别人帮忙。

☐ 我知道怎样向父母证明自己准备好拥有更多的自主性了。

☐ 我不害怕在适当的时候讨论自己的观点和看法。

第三章 青少年的独立性

关于你对更多自主性的需求和担心，本章将教会你如何与父母进行交流。你会学到当你需要别人帮助时仍然可以求助，你也会读到如何独立地进行思考。

你是否独立？

有时青少年会认为，从父母身边独立出来意味着他们不需要依赖任何人了。作为一名青少年，独立仅仅意味着你有更多的自由自己去应对情况、承担更多的责任。也许会出现这些情况：在饭馆里自己点餐，从学校自己回家。如果你想要获得和保持你的独立性，首先要做的是：确定自己什么时候能够负责地应对情况，以及什么时候仍然需要别人的帮助。

事实上，没有人是完全独立的。成年人也一直依靠别人。你的老师可能会向学校心理辅导员求助：对一个感觉考试困难和压力很大的学生，应该采取什么样的方式进行帮助？你的父亲可能会向一位修理工求助：帮助修理他的车。你的哥哥姐姐可能会向足球教练求助：如何在高强度的训练前做拉伸练习？实际上，意识到别人有时会比自己拥有更多的知识或技能，这是很明智的做法。能够向比自己优秀的人求助，也是展现自己情商和勇气的方式。所以，如果你需要指导，那就向别人求助吧。

怎么样？你知道什么时候向别人求助吗？要确保做到求助和自主的平衡很难，下面是一些提示：

- ▼ 如果你想要尝试自己处理问题，问一下自己：可能发生的最坏的事情是什么？如果事情确实很严重，那么求助的时间就到了！

- 现实一些——记住,有时每个人都需要别人的帮助,每个人也会偶尔希望被照顾。
- 问一下自己能否自主处理,还是希望被照顾。有时让别人照顾你,并没什么不妥。
- 明白自己不会马上实现完全自主。成熟是选择适当的时间让自己更独立,以及适时地向别人求助。

如果你能理解自己遇到障碍时那种被挑战的感觉,这并不意味着你是一个没有能力、不成熟的人,向独立迈出小小的步伐都是有意义的。

马修说:"起初我以为如果我失败过,我就是一个失败的人。和父母交流后,我知道自己仍然可以让他们帮助解决大事,而且,即使我尝试新的经历会失败,这也并不意味着我是个失败者。不管怎样,妈妈说我是成功的,因为我有勇气去尝试解决新的问题。"

你是怎么想的?当需要别人帮忙时,是否会自信地向别人求助?是否自信地享受学习的过程,原谅自己的失误?

知道现在该怎么办:

轻松地独立

你知道父母会根据孩子的年龄决定不同的照顾方式吗?在对110个家庭进行研究后,一个研究者查看了11岁、14岁和17岁孩子的照顾方式。猜猜发现了什么?她发现17岁孩子的照顾方式,与11岁或14岁的孩子比起来，被给予更多的自由去做独立的决定。

这是否让你感到吃惊？你的父母可能会慢慢让你轻松地越来越独立。所以，你并不孤单，你可以渐渐地适应这种感觉。

向父母求助没什么，所以你要准备好：随着年龄的增加，你会独立地做出更多的决定。

Newman, B.M. (1989). The changing nature of the parent-adolescent relationship from early to late adolescence. *Adolescence*, 24, 915-924.

青少年的专属时刻：佐伊的故事

佐伊不想让父母老是叮嘱她什么时候去睡觉，什么时候做作业，什么时候不能用照片分享程序，什么时候起床。所以，她向父母提出了自己的一个计划，表明她不再是一个小孩子，也不应该被当作小孩子来对待。

佐伊与父母开了一个家庭会议，用这个时间来谈论自己想做的改变。佐伊和父母进行了平静的讨论，在一些事情上达成了一致：佐伊可以在晚上九点睡觉并决定第二天什么时候起床，只要她能收拾好早上该准备的东西、及时坐上校车就行。佐伊可以自主决定在什么时候做作业，但是如果她的成绩下降了，那么这项决定也就取消了。关于照片分享程序，她的父母没有退让。他们认为紧密地监督佐伊用照片分享程序是很重要的事情，不想让佐伊在这方面花费太多时间，其中一个原因是他们想让佐伊参加家庭活动而不是仅仅关注自己的平板电脑。

即使没有得到自己想要的一切，佐伊还是很高兴父母能倾听她说话，她的睡觉时间延迟了，做作业的时间也有了改变的机会，以及得到了决定什么时候起床的自由。她现在要做的是遵守自己的承诺——每天早上及时收拾好东西、坐上校车以及考出好成绩。

你觉得怎么样？

谁赢了，佐伊还是她的父母？都没赢，都赢了，还是他们妥协了？

你认为这个方案在你家里能否起作用？

学会独立

你是否曾经决定过什么时候上床睡觉？什么时候刷牙？随着长大，你可能会为每天要做的事情做出更多的决定。问题是，你的父母同意你的决定吗？

成长和独立的一部分是学会妥协。即使父母不同意你想要做的所有事情，你也要向他们证明你已经为更加独立做好了准备。下面是一些提示：

- 要求承担更多的责任来证明自己是独立的。
- 确保在父母提醒你做该做的事情之前，把它们都做好了。
- 问父母所需要的，而不是只考虑自己想要的。
- 确保自己记得做家庭作业。
- 和父母谈一谈家庭以外的人，例如你的老师和朋友的父母，表明你是善解人意和有礼貌的。
- 和家人一起聊天，与父母分享你的观点和想法。

> 下次父母再为你提供帮助时，花些时间决定一下自己是需要他们的帮助，还是自己独立完成能够学到更多。

假如你的父母把你照顾得非常舒服，你会怎么办？假如父母真的愿意帮助你解决所有问题，你会怎么办？听起来不错，对吧？但是，也可能不是。父母普遍希望保护你免受痛苦和挑战，但是如果他们对你完全保护，你也许再也不会获得自己能够独立的信心。例如，塞斯在家里的工作桌上制作飞机模型，他的爸爸看到他努力将飞机的两部分用胶水粘合时，说："塞斯，让我来帮助你吧。"爸爸抓起需要粘合的两部分，用胶水粘好后，还给了塞斯。然后，他紧挨着塞斯坐下，开始继续做飞机模型的其他工作，即便塞斯说要自己做。

你觉得塞斯对他的爸爸的帮助有什么感觉？你认为他是否会对爸爸帮助自己组装飞机模型感到恼怒？

一些青少年对父母完全照顾自己感到轻松，但这可能会造成一个问题：随着你年龄的增加，你将永远不能承担更多的责任、挑战和压力。如果你也是这样的话，下次父母再为你提供帮助时，花些时间决定一下自己是需要他们的帮助，还是自己独立完成能够学到更多。

另一方面，如果父母鼓励你自己做，有时你可能会感到焦急甚至恼怒他们不为你解决问题或挑战。妮可和妈妈一起在学校为自己的生日烤蛋糕，当妈妈让她称取各种材料、混合在一起时，她对妈妈说不想做，因为担心自己会犯错。妈妈平静地解释说："我知道你能这样做。如果你有问题，妈妈也在这里，尝试一下，能发生什么最坏的事情呢？"妮可点头同意，尝试后，她对自己能够完成并做好这件事感到骄傲。

当你感到父母不愿意让你太独立或者要求你完全独立，以及你对事情的发展感到很适应时，和他们讨论一下，也许会对你有帮助。然后，你可以听一下父母是如何作出决定的，你和父母也能更好地相互理解。尝试一下吧！

自主思考

为了自己能承担更多的责任和处理更多的情况，现在到了开始自主思考的时候了。成为一个独立思考的人，能够让你拥有新的思想、创造性的想法和独特的观点，以及成为领导者而非追随者的机会！

你可能已经注意到了，自己不总是像朋友、父母或者老师那样思考。你可能也意识到，一些想法可以与别人分享、一些想法最好还是仅仅自己知道。艾比在朋友塔图姆家里玩耍时想："我喜欢塔图姆，但是我和希拉、梅伊在一起时会更有趣。真希望自己现在和她们去街上玩。"如果艾比告诉塔图姆自己的感觉，可能就会伤害到塔图姆。所以，艾比决定掩盖住自己的想法，也就是说，将自己的想法停留在脑子里而不是说出来告诉塔图姆，艾比想："下次要不要邀请希拉、梅伊、塔图姆和我一起去街上玩呢？我想那样大家都会觉得有趣。"

和你信任的人分享自己的想法，看看他们的反应。他们可能不会总是赞同你的观点，但是他们会对你说的话感兴趣，而且尊重你的观点（当然，你也要尊重他们）。有时，你可能想解释或坚持自己的想法。假设小比尔盖茨想跟别人分享自己的想法，这些人非常聪明但不

> 和你信任的人分享自己的想法，看看他们的反应。

相信电脑会在日常生活中发挥重要作用，这就需要小比尔盖茨有勇气和信心去坚持自己的观点，而且还要有耐心去解释。

有时，很难决定是否应该与别人分享自己的想法。下面是一些好的方法来帮助你决定何时、何地和如何来分享自己的想法。

- 何时？选一个别人有空听你说话的时间，比如，不要打断别人的会话，并且不要伤害或者冒犯别人。但是，如果你需要去面对某些人而他可能会被伤害到——比如，如果你觉得告诉一个朋友有关跳舞这个主题的想法并不是最好的选择，这是很重要的——做好准备并尊重他，然后试着减少让别人感到不舒服的机会。
- 何地？有一些地方可以分享不同的观点和想法，一些地方则不能。在饭桌上，家庭成员之间可以有时间谈论想法和观点；但在棒球比赛中，与对阵的球队讨论和解释为什么球队不如自己支持的球队，这可不是一个好主意。
- 怎样？小心！尊重！有礼貌！这样做通常是有帮助的：明确表示尊重别人的观点，自己只是在解释自己的感觉或者对情况的直接反应。

即使你选择了正确的时间、地点和方法，有一些问题还是会造成紧张，所以，在某些问题上，你要准备好会有人不同意你的观点或者对你有情绪化的反应。

如果没有自主和创造性的想法，我们可能就不会有那些历史上令人称奇的发明。不会有电流，飞机也不会离开地面！作为一名青少年，你有很多机会去思考未来，你的想法、观点和行为都会逐渐形成。能够思考一些无法明确断定的事情，这是成为自主思考者的一个标志！

> 花些时间想一下自己独特的、创造性的想法和观点。

花些时间想一下自己独特的、创造性的想法和观点。当你意识到自己拥有自主的想法后，将它们写下来，你可能想要把它们记录在日志上。用这种方法，你就能够记得去分享自己的观点，或者以后继续补充它们。

青少年的专属时刻：保罗的故事

保罗打断老师的艺术课说："您总是谈论这些艺术家，好像他们是摇滚明星，好像他们改变了世界似的。"保罗补充说："当然，一些人是有天分的，但他们并没有改变历史或者世界。为什么您要关心这些人呢？"老师告诉保罗：他的观点很有趣，他们可以在课后讨论，但是保罗"现在打断了课堂"。

保罗在艺术课上是否有权利分享自己的想法？

保罗是否有权利表达自己的观点？

保罗应该怎样处理这种情况？

如果你是保罗，你会怎么办？

青少年
注意事项

- 负责任的行为能够让成长中的你获得更多的自由!

- 独立的青少年有时会有信心和一定的成熟度来依靠自己,当需要帮助时也会有明智的选择。

- 成为一个独立思考的人,能够让你拥有新的思想、创造性的想法、独特的观点和成为领导者的机会。

在本章中,你阅读到独立的含义,如何适应承担更多的责任和挑战,有时也需要向别人求助。所以,一旦你拥有更多的自主性,你会如何作出自己的决定?在下一章中,你会阅读到帮助你作出决策和设定目标的方法。

第四章

作出决策，设定目标

假设你受邀参加一场在科学期中考试前夜举行的聚会，而科学课是你最喜欢的学科，你想在高中时能够取得好成绩，你会怎么办？留在家里学习，还是和朋友外出玩耍？漏掉一次晚上的学习可能会影响到你的成绩，但是错过聚会就意味着失去和朋友寻求乐趣的机会。你该如何决定？

花些时间考虑一下以下内容,这些是否描述了你?

- ☐ 当我面临决策感到困难时,我能判断出哪些是自己不想要的。
- ☐ 在作出最终决策之前,我经常会考虑后果。
- ☐ 如果我的决策不奏效,我会重新考虑自己的选择,再次开始。
- ☐ 向自己尊重的人咨询意见,我会感到轻松。
- ☐ 我不仅为自己的当前目标也为未来目标制订计划。
- ☐ 我为自己设定现实可行的目标。
- ☐ 我确保自己在作出重要的决策之前是平静的。
- ☐ 当需要时,我会在做自己想做的事情之前做好自己需要做的事情。

有时作出决策真的很简单，甚至很多时候作出决策非常有趣，比如为学校的舞会提出一句口号。这些情况从来不会导致压力或担心的产生。但是，有时一些基本的或小的决策也会非常艰难。有时你有太多的选择，比如当你需要从25种口味的冰激凌中挑选出一种。

当决策影响到你的目标时，也能变得更加困难和复杂。现在你已经是一名青少年了，会获得更多的决策和设定目标的机会。

作出与自己目标相关的决定可能刚开始会感到手足无措，但是如果你将目标分成小的步骤，那么制订决策的过程就会变得更好控制。拥有一个分步实施的计划，能够帮助你更加轻松地实现自己的目标。在本章中，你将会学到如何通过分步实施的计划来作出决策，以及如何将这种方法运用在为未来设定目标上。

作出决策

作出决策有时会比较耗时，甚至压力会很大。如果你是一个人，在生活中你可能就会不得不作出一些困难的决定。有些决定会直接导致痛苦、恐惧和程度很高的担心，这并不少见，有时甚至一个小小的决定也会引起这种巨大的反应。下面是一些可以帮助你再次恢复平静的提示：

- 握紧双拳、再松开，然后轻轻地摇晃并放松。
- 慢慢地吸入空气，再呼出来。

- 如果要作出一种选择，要能够意识到不会有太严重的事情发生。花些时间自己想一下：如果我现在作出这种而不是另一种选择，最坏会发生什么情况？
- 去快跑、走路或者做自己喜欢的运动，来消除紧张。
- 向自己信任的人请教方法。
- 作出自己感觉很好的决策！

青少年的专属时刻：马里奥的故事

马里奥的父母为他提供了几种选择来庆祝生日：泳池派对、彩弹球派对、激光枪战派对，或者租用当地的陶瓷工作室和朋友一起制作陶瓷。

马里奥感到很难选择，因为他喜欢所有的选项。他的爸爸建议马里奥逐个删去自己喜欢程度最低的那个。马里奥先删去了泳池派对，因为他知道自己可以和朋友在夏日里的任何时间去游泳池里消磨时间。慢慢地，马里奥缩小了自己的选择范围，最终决定选择激光枪战派对。

通过减少选项，你认为马里奥是否觉得挑选最爱的选项来庆祝生日变得容易了？

你是否认为这个过程简化了马里奥的选择？

你是否面对过有太多选项的相似情况？

你是如何作出决定的？

在作出决策时，你需要同时考虑多种因素。比如，你的决定是否潜在地伤害到别人，是否你在剥夺自己的一种经历，是否你的选择会帮助你实现明天的目标。

> 有些决定会直接导致痛苦、恐惧和程度很高的担心，这并不少见。

例如，你很想在下午看电视，而不是完成暑期课程的计划，所以，你可以在截止期限前完成计划就行。

考虑到所有因素可能会是一件麻烦的事情，很难轻松地去做。下面是一些帮助你作出决策的提示：

- 冷静下来。花些时间让自己放松下来。你可能不会感到紧张，但是对有些青少年而言做决定还是会引发担心。
- 逆向思维。这意味着优先考虑你喜欢程度最低的选项，然后逐个删除，直到决定你的最终选择。
- 正向思维。这意味着试着确定你所选择的可能的后果。
- 重新思考决策。如果事情并非你期望那样，你是否能重新思考决策，为目标提出一个新的方向或选择。
- 寻求建议。你已经在本书中了解到，成年人也需要寻求别人的帮助。你可能会发现很多青少年和成年人有相似的经历或者需要决策的事情，这能够为你提供有益的建议。

青少年的专属时刻：胡安的故事

胡安有两张专业篮球赛的门票，但同时朋友的沙滩聚会也要举行。他不知道该怎么办。他试着作出选择，但却感到太纠结而无法选择。

胡安的哥哥告诉他要"冷静"，胡安立即冲着哥哥喊道："让我单独待会儿，你太烦人了！"胡安从没和哥哥这样大声说话过，所以，后来他承认自己是太紧张了，当时并没有意识到。

你遇到过类似的处境吗？

当你试着作决策时是否对别人叫喊过？

结果如何？

你可以重新思考决策、改变主意或提出不同的计划。如果你知道处理问题时不是只有一种方法，你的压力就会减少。

> 从那些展现出责任感和成熟的人那里寻求帮助。

假如你没能参加一个有朋友所在的为期两周的夏令营活动，因为在你报名之前活动的名额已经报满了，你该怎么办？如果你将自己的思维固定在这个计划是你过好夏天的唯一方式上面，你可能整个夏天都会觉得难过。但是，如果你有一个备选方案，就有可能仍然收获一个很棒的夏天。也许还有其他的夏令营活动，如果你参加其中一个，你的朋友可能不在当中，但你仍然可以参加自己喜欢的活动，甚至会遇到一些新朋友！而且，如果你认识到需要为自己想做的事情早做准备，那么这份经历也是有益的。

如果你遇到困难，那就寻求建议吧，从那些展现出责任感和成熟的人那里寻求帮助。记住：所有人都在制订决策。所以，当他们为你提供有益的建议时，你可以学习他们的经验。

经过平静细致的考虑和一些计划，你现在可以作出帮助你达到目标的决策了。现在，让我们讨论一下如何为自己设定目标吧！

设定目标

你是一名青少年了，想拥有更多的自主性来作出决定，那么就考虑一下设定自己的目标吧。不是为父母或者朋友，而是为你自己。有没有你想尝试的新活动？有没有你想要做得更好的事情？可能你有暑期读物，但是你不想等到开学前的一周才开始做；可能你想结交一些新朋友。

> 如果你花费时间和精力去制订一个目标，请确保这件事能够成功。

在你为自己考虑目标时，有一些事情必须牢记于心。第一步是确保自己的目标现实可行。正如你已经知道的，很多并不是因为你想要就能够得到。如果你花费时间和精力去制订一个目标，请确保这件事能够成功。你从没有上过一节舞蹈课而去尝试参加舞蹈比赛是不现实的，但在你参加完舞蹈训练营、在家里练习熟练之后，再尝试参加舞蹈队就是可行的。

看看另一个例子，不要将你的目标设定为参加班长的票选（超出你的控制），更加现实的目标是参加班长的竞选（在你的控制之内）。设定一个现实可行的目标，制订一个能给自己增加机会的方案，这是能够达到目标和不能达到目标的区别所在。下面是一些设定现实可行的目标的指导原则：

- 灵活。考虑一个备选方案或者一个小目标，你能轻松地实现。
- 尽力。注意力、精力和时间对实现目标的每一步都是必要的。你需要努力才能实现目标。
- 计划。一定要有一个对实现目标有意义的方案。
- 倾听。不要让别人劝阻你，但是要注意听他们的建议。

如果你的目标是现实可行的，那么你将更加有可能去实现它们，当实现自己设定的目标后也会感到很满足。要确保自己设定能够实现的目标！

> 在确保自己的目标现实可行之后，下一步是将目标分解为更小的部分。

在确保自己的目标现实可行之后，下一步是将目标分解为更小的部分。例如，杰里米决定他的研究项目是比较不同国家的政体类型。他需要写一篇五页纸的研究报告，至少三种信息来源（网络、图书和文章），做一张幻灯片在全班进行展示。

看一下杰里米是如何将他的计划分成十步的：

- 第一周
  第1步：和布赖恩特小姐谈话，确保明白计划。
  第2步：找一些与课题相关的信息来源，查找与主题相关的可信的网站和图书。
  第3步：写一个主旨概要和报告大纲。
- 第二周
  第4步：写一个介绍的草稿和剩余部分的写作摘要，将参考来源打印出来。
  第5步：将报告中的要点挑出来，制作一张幻灯片展示的清单。
  第6步：完成报告的初稿。
- 第三周
  第7步：修改和重新写作报告。
  第8步：开始做幻灯片。
- 第四周
  第9步：完成幻灯片的展示。
  第10步：检查、编辑、校对，在期限前上交终稿。

学会将目标分解成小的步骤对成功和实现目标是关键的。设计步骤看起来有很多额外的工作，但是每一小步的实现都会给自己增加信心，确保自己在实现目标的道路上前进。

三种类型的目标

有三种不同类型的目标：

- 近期目标：你想在第二天或者两天内完成的事情。
- 短期目标：你想在接下来几个月内完成的任务。
- 长期目标：你未来重要的计划或想法，如考上大学或参加工作。

就像将目标分解成几个小步骤后更加容易完成那样，长期目标有时也可以分成近期目标和短期目标。如果你的长期目标是通过曲棍球技术得到大学奖学金，那么你的近期目标就是提高你的技术，短期目标是进入一个好的曲棍球队。看一下这是如何实现的？既然你可以设定自己的近期目标、短期目标和长期目标，那么多花些时间来回顾一下是很重要的，这样你会对这个过程感到轻松。

青少年的专属时刻：泰勒的故事

泰勒在他的小联赛队里是个明星。他确信自己只有成为纽约洋基队的棒球中场手才能感到生活的乐趣。他也决定没必要对学校的分数太过担心，因为他会凭借自己的天分在高中毕业后通过选秀进入洋基队的农场俱乐部。他的目标是成为一名职业棒球运动员。

泰勒不需要放弃自己的梦想，但是需要制订认真的备选计划，以防自己没有进入大的联赛。也许泰勒可以这样考虑，在任何一个专业的或大或小的联赛球队中成为一名棒球教练，或者在一个社区的联赛中参加比赛。

泰勒希望能将更多的注意力放在近期目标和短期目标上，比如钻研自己的击打、抓球能力和奔跑，尝试参加高中校队的选拔。如果这一切顺利的话，他才可以考虑大学棒球队，考虑参加将来的或大或小的联赛球队。

泰勒的故事听起来是否熟悉？

你的目标是切实可行的，还是不切实际的？

你要怎样做才能让目标更容易实现？

近期目标

近期目标有时是你可以马上轻松实现的，比如决定在学校的舞会上穿什么衣服，需要为即将到来的周末做哪些计划。但是，近期目标也可以是朝着宏大目标前进的一步，比如练习乐器时，你可以向乐队老师展示你的水平已经提高了，可以考虑在即将到来的演奏会上进行独自表演。

萨拉想成为学校的一名领导者，这是她的短期目标。所以，她在接下来的几天里制订了一些近期目标，来帮助自己开始承担学校里的责任。她加入了循环回收社团，向辅导员请教是否有一些自己能够做的事情，帮

> 你会发现，先考虑一下自己的短期目标和长期目标是有帮助的，之后再决定你接下来要完成的近期目标。

助低年级的孩子学会回收。在接下来的两天里，萨拉参加了一次社团会议；在接下来的一周里，她在二年级的课堂上读了一本书。她已经实现了自己的近期目标！

现在，花些时间考虑一下，你真正想马上实现的是什么。你会发现，先考虑一下自己的短期目标和长期目标是有帮助的，之后再决定你接下来要完成的近期目标。

短期目标

近期目标能够引发短期目标。例如，伊娃想获得好的体能条件以增加自己进入游泳队的机会。她的近期目标——她在接下来几天内能够做的——请教游泳教练和体能辅导老师，需要做哪些锻炼能够增强她的体质，从而成为一名强壮的游泳员。她的近期目标引发她的短期目标，通过实践练习，成为一名更好的游泳员，然后进入游泳队，成为队里一名竞争力很强的成员。

其他的短期目标，可以是在社会学研究期末考试中获得一个好分数（近期目标可能是为与期末考试相关的每次测验学习备考），或者是被巡回篮球队选中（近期目标可能是有一定的三分球命中率）。

你知道自己的短期目标是什么吗？

知道现在该怎么办：

获取动力！

你是否已经知道有两种不同的方法来保持积极性去实现自己的目标？如果你真的喜爱自己设定的目标，比如和最好的朋友写一首关于校园精神的歌曲，然后专注于这个目标，它能够激发你完成所有步骤来实现这个目标的积极性！但是，你可能有一些目标，比如为期末考试做准备，并不会让你感到兴奋，或者是让你担心究竟能否完成。在这些情况下，专注于更小的步骤而不是大的目标可能会减少你的担心和压力，越来越接近目标的实现。

Krause, K., & Freund, A.M. (2014). How to beat procrastination: The role of goal focus. *European Psychologist*, 19(2). 132-144.

长期目标

长期目标是指那些需要花费较长时间来实现的目标，例如考进大学。记得将长期目标分解成更小的、更加可控的部分，然后将注意力集中在能够引发短期目标进而实现长期目标的近期目标上。听起来复杂吧？让我们来回顾整个过程。

> 记得将长期目标分解成更小的、更加可控的部分。

如果你想成为一名报纸记者，这是一个长期目标，那么你需要做些什么来实现这个目标呢？你的近期目标可能是加入校报（前提是你们学校有的话），然后开始以报道员的身份写文章，或者在学校创办一个记者社团。你也可以尝试接触记者，看他们能否为你实现长期目标提供一些建议。你的短期目标可能是将大量的时间投入到这项兴趣和写作之中。

并不是所有的青少年都有长期目标。即使你有长期目标，也可能最终会改变。例如，约翰在三年级时设定的长期目标是进入杜克大学，因为那里有一个很棒的篮球队。但是，到七年级时，约翰开始考虑进入宾夕法尼亚大学了，因为他的父亲去了那里，那里有一个很棒的商业项目，约翰现在希望自己像爸爸那样成为一名成功的商人。

格瑞斯的目标的制订展示了她的长期目标从童年到少年和青少年的频繁变化。三岁时，她想成为一名芭蕾舞演员。六岁时，格瑞斯决定成为美国第一位女总统，她说："我想要每个人都幸福！"十一岁时，她告诉自己的堂哥："我想成为一名建筑师，因为我喜欢学习古埃及和研究金字塔。"

所以，你现在的长期目标是什么？现在考虑它的唯一理由是，即使它会变化，你的近期目标和短期目标也能够帮助你在长大以后实现自己的长期目标。

目标的优化选择

你是否知道人们设定目标是因为有很多不同的理由？例如：

- 你想要实现的目标。
- 你需要实现的目标。
- 你觉得应该设立和达到的目标。

显然，氧气对呼吸来说是"需要"，去沙滩是"想要"，考试中获得好分数可能就是你觉得"应该"。一些青少年用"假设"来代替"应该"。

有时，看上去好像"想要"比"应该"甚至"需要"更重要。例如，尼克对去非洲的家庭旅游计划非常兴奋，他想要一个相机来拍摄照片，他想要的相机在星期三下午1点到4点出售，而妈妈正好安排尼克在这个时间段内去接种旅行所需要的疫苗。尼克不在意自己需要接种的疫苗，在意的是自己想要的相机。但是，一旦尼克意识到没有接种疫苗，就不能去非洲，也就不需要相机了，所以，他同意去接种疫苗。

知道你的目标是"需要""想要"还是"应该"，能够帮助你决定最优先的选择。

制订目标

当你在考虑是否尝试一些新事物时，很多青少年会为自己能够承担安全的、新的挑战和追求自己的兴趣、目标而感到骄傲，知道这些对你是有帮助的。

对自己感到骄傲经常是由于：

- 做一些需要花费精力的事情。
- 做一些你认为重要的事情。
- 知道自己的决定对自己或对别人没有害处。
- 对结果感到满意。

有时，你可能会为自己采取的行动、作出的决定或分享的观点感到骄傲，但是别人可能会不赞同甚至反对你的行动或意见。如果这些人是你生活中重要的人，你可能会考虑他们的观点，但这不一定意味着你要改变自己的观点或者目标。

如果你对作出的决定感到轻松舒服，并且也没有伤害到别人，那么你就会比较容易地接受有时候别人会不喜欢自己做的事情。例如，斯科特对足球不感兴趣而决定去上网球课，即使他的大多数朋友都选择了足球课，他也对自己作出的决定感到骄傲。

在玛姬的表哥告诉她最近的飓风对邻近的乡镇造成破坏后，她想要做一些帮助别人的事情。她和父母交流之后，他们决定去当志愿者，在接下来的三个月里，每个月有两个周末都用来分发食物和毛毯。即使玛姬喜欢和朋友们一起玩耍，她仍然决定将自己的时间用在帮助那些遭受飓风破坏的人身上。

你是否曾经因为特别想做或想说一些事情而作出过一些艰难的决定？你是否为实现自己的目标而按照自己的计划努力工作？即使你没有完全实现自己的目标，你是否为自己的努力而感到骄傲？

青少年注意事项

- 如果你考虑到每个选择的后果,就会更加容易地作出决定。
- 将长期目标分解为可控的步骤,然后制订出一个能够实现自己目标的计划。
- 确保目标切实可行,这样你就不会为一个不可能实现的目标而感到受挫。

本章介绍了近期目标、短期目标和长期目标,你也读到了如何确定自己的决定是"需要""想要"还是"应该",以及目标是切实可行的还是不切实际的。越来越多地作出决策和设定目标是青少年可能会经历的一种变化。在下一章中,你将会读到青少年在青春期里发生的生理变化。

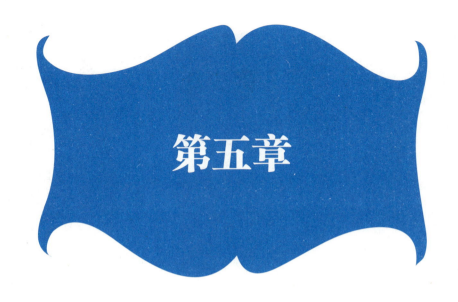

青春期的生理变化

　　从婴儿时期开始,你的身体就开始发生一些不可思议的变化了,你会慢慢变得更高、更强壮。头发在不知不觉中生长,心脏整天整夜地跳动,当你想到这些时,是不是觉得太神奇了!你的身体还会继续发生变化,即便你不会时刻注意到这些变化。

在开始阅读本章之前，
花些时间阅读一下下面的内容，
这些是否描述了你？

- ☐ 我对自己的身体发生的生理变化感到轻松。

- ☐ 和父母谈论自己的身体变化时，我感到轻松。

- ☐ 对于自己的身体应该长成的样子，我有一个现实和健康的观念。

- ☐ 我喜欢自己身体的样子。

- ☐ 现在的我有着符合自己特性的青少年体形，而且我的父母也赞同。

- ☐ 我的肢体语言显示出我很自信。

- ☐ 我会保持整洁，而且不用父母提醒我洗澡。

第五章 青春期的生理变化

现在你已经是一名青少年了，可能你会感到变化很大。你的身体在变化，外貌在变化，正在进入青春期。对这些显著的变化，有些青少年会感到高兴，有些青少年会感到尴尬或不舒服，还有一些青少年会同时感到高兴和尴尬。你的感觉是什么样呢？

在本章中，你会阅读到在青春期里自己身体发生的更多生理变化，以及什么是一个健康的体形和青少年的风格。

生理变化

进入青春期，你的身体会经历生长的爆发期，以快速而全新的方式发生变化。你可能会突然比朋友们高了，或者你会注意到朋友们长高了而你还是原来的身高。这个时期的变化能够从你的少年后期持续到20岁出头。某一天你可能看起来像长大了似的，第二天你可能就会注意到一些不同，甚至会想：这是怎么回事？为什么我突然就变了？

> 不只外貌，你的身体内部也在发生变化。

不只外貌，你的身体内部也在发生变化。通常而言，青春期是为青少年成为成年人做准备的一个时期。你的身体开始趋于成为一名成年人的身体，能够进行有性生殖——意思是能够进行生育，这些能够发生是因为荷尔蒙（体内的化学物质）给身体发出生长和成熟的信号。身体的很多部分也开始变化：大脑、骨骼、肌肉、皮肤、头发和胸部，以及性器官——如果你是一个男孩，就是阴茎和阴囊；如果你是一个女孩，就是卵巢、子宫和阴道。无论是身体内部还是外部的性器官，一般都被认为是一个人非常隐私的地方，可能这就是讨论青春期会让一些青少年感到不舒服的原因。对一些青少年而言，所有这些变化都是令人困惑或手足无措的。

你可能已经了解到你将会或者正在面临的生理变化。很多学校也开设了人类生殖学或健康教育课程，老师们会讲到有关青春期的细节，比如身体如何成熟、人类的生殖如何进行（婴儿是如何被生育的）。你可能会在学校得到很多有用的信息，但是和父母交流你正在发生的改变也是很重要的，因为他们可以为你解释并和你交流青春期对你的影响。

有时候，父母不知道什么时候以及怎样与你交流这些变化，你自己提出来也觉得不太舒服。下面是一些交流对话的开头，它们可能会帮助你与父母讨论青春期的问题：

- "我能和您私下讨论一下我身体的变化吗？"
- "当您在我这么大时，身体的变化会发生让自己尴尬的事情吗？"
- "当您在我这么大时，您是怎么处理我正在经历的变化的？"

你的父母可能需要一些时间来为这次讨论做准备，所以，先问一下他们能否为这次讨论设定单独的时间。切尔西和妈妈找了一个她俩单独在家的时间，预订了比萨，然后开始谈论。她的妈妈给了她一本关于青春期

> 可以对父母说现在谈论这个话题自己还不太适应。

第五章 青春期的生理变化

和在这个时期青少年发生变化的书，她们一起读书、交流。考虑一下，你想和父母说些什么以及什么时候你能进行这样的对话。

也可能父母会主动找你，想和你进行一场关于青春期的对话。如果你感觉不舒服，可以对父母说现在谈论这个话题自己还不太适应，但是请你尽快尝试这样的对话。有些青少年可能会说："我知道了，我已经从学校和朋友那里学到全部东西了。"但是，请记住：让成年人知道你现在的想法会对你有所帮助，他们会教你正在或将要发生的事情，会对你有所支持。

无论是男孩还是女孩，都会经历很多相同的生理、心理和感情的变化，但是有一些变化对男孩或女孩而言，是有所不同的。可能你在学校已经学习过人类的生殖以及有关青春期的课程了，或者已经和父母讨论过了。现在，让我们简要回顾一下，处于青春期的青少年是如何发育和感受的。

青春期男孩

人们经常会注意到，一个男孩的声音从什么时候开始变成稍显低沉的成年人嗓音。有些男孩对自己的声音变得嘶哑或者在变声时听起来刺耳会感到难为情。如果你是一个男孩，你是否知道这些会发生在你或别人身上？你是如何处理这些情况的？你的感觉如何？

首先，这是一个自然变化，在你长大后会结束。最终，你的嗓音会变得低沉和更像成年人那样，每个人都会忘掉曾经的嘶哑或刺耳。那么，你如何应对这样的变化和回应别人的评论，会产生很大的不同。

有时你可能不会在意自己嗓音的变化，而有时则可能会感到非常尴尬和生气。每个人会以他们不同的方式来应对。凯西在合唱课上独唱时，嗓子变得嘶哑。刚开始，他觉得很尴尬，后来朋友轻声告诉他："我也是，没关系。告诉别人，你在发出乐曲中一个特别的音。"凯西面带微笑地这样做了。令人吃惊的是，同学们都和他一起笑起来，但不是嘲笑！像凯西这样，你有时也需要随机应变。

随着男孩的长大，他们的身体某些部位开始长出更多的毛发，包括脸上、胸上、腋下和阴部（也被称为隐私区域）。通常，毛发先开始在男孩的阴部生长，然后是身体的其他部位——上嘴唇、腋下和胸部。对一些男孩而言，毛发的生长可能是件骄傲的事情，他们对这样的变化感到高兴！对他们来说，这是自信和成熟的迹象，显示出他们正在成长。伊凡注意到自己的"小胡子"，他告诉朋友们："我觉得我比你们更成熟。我已经长出小胡子了！"伊凡并不是要伤朋友们的心，他是在试着指出长大是一个兴奋的过程，他期望去开始新的旅程。然而，有些青少年会对成长的标志感到不安。可能他们还没有为变化做好准备或者是感到不舒服，可能对他们来说所有这些生理变化太多、太快。无论怎样，对毛发的生长是感到兴奋还是不舒服，这都是正常的。

如果你是一个男孩，你对自己的身高有什么感觉？你是否长高了？你是否注意到自己的体形发生变化了？可能你的肩膀开始变宽，胳膊和腿看上去突然变长了。你是否担心自己正常发育？是否想知道自己会永远这么高？很多男孩都会谈论他们对身高和肌肉的看法，有些青少年会与同年级的男孩比较，对自己的身高和肌肉的多少会感到焦虑。

你是否知道很多处于青春期的男孩要比同阶段的女孩矮一些？如果将全班同学排成一列，你会发现身高参差不齐！每个人的生长速度都不一样，所以对青少年而言，没有真正正常的或不正常的身高。经过一段时间之后，你将会长到成年人的高度。记住：即使不是全班最高的孩子，你也可以挺直腰杆。

男孩们也会注意到性器官的变化：男孩的阴茎会变大。你可能会注意到自己的身体会以一种在青春期之前没有的方式做出反应，无论是在清醒时还是睡梦中，你的阴茎可能会变得紧绷，更加频繁地竖立，这被称为勃起。勃起是对某种情感、思想甚至感觉（如触摸）的正常生理反应。一些男孩太担心而告诉父母为自己购买特定的衣服，从而可以让他们隐藏自然的勃起。如果你在勃起时感到尴尬，记住在这些自然的勃起发生后，你只需要等待阴茎放松下来就行。

> 虽然在青春期里会发生很多生理变化，但这些变化并不会对你起决定作用。

虽然在青春期里会发生很多生理变化，但这些变化并不会对你起决定作用。身高和身体的强壮只是生理特征，而不会改变你自己。你对自己身体内部发生的变化也没有控制力。综上所述，这些变化并不会决定你的性格或者你会有多成功。

如果你现在不能完全接受自己的外貌，你还会有自信吗？实际上，你确实能够对自己的外貌有所控制（比如穿着打扮、梳理头发），你对自己和自己的生活方式也都有很大的控制。

青少年的专属时刻：马克和德里克的故事

马克的妈妈和爸爸都很高。8岁时，马克还比他的一些朋友矮，医生告诉马克，他可能会在十几岁时有一个快速的生长期。马克现在已经19岁了，身高长到了1.85米左右，几乎比他所有的朋友都要高。他的基因在生理特征上发挥了重要的作用。

另一方面，德里克的父母都不高。德里克最终的身高约1.68米。德里克说："没关系，我不在意，长得更高并不意味着什么。我想要成为一名工程师，我也从没听说过长得高是一个要求！我知道我的朋友们也喜欢我，所以身高并没有什么大不了。"德里克表现得很自信，而且也没有受到长得高的孩子们恐吓。因此，他的妈妈形容德里克"腰杆挺直"。如果德里克对自己的身高感到尴尬或心烦，妒忌比自己个子高的朋友，就可能会影响到他的行为和态度。你是否像这样考虑过自己的身高？

德里克对自己的身高是否有一个积极的态度？

如果你比朋友们高或者矮，你会怎么想？

青春期女孩

进入青春期，女孩的乳房开始发育、臀部渐渐鼓起，女孩的身体开始慢慢发育得更加有曲线和丰满，像一个成年女性。对这些变化，有些女孩会感到骄傲和高兴，有些女孩则会感到不舒服甚至尴尬。这些女孩可能还没有为自己的身体发育成这样做好准备，也可能是对她们来说变化发生得太快。刚开始，很多女孩愿意将这些变化保持得有一点儿隐私性，直到她们完全适应了。像男孩一样，有些女孩可能会要求父母为她们购买更加有隐私性的衣服，比如宽松的上衣和运动胸罩。作为全班第一个明显进入青春期的女孩可能会感觉有些不舒服。另一方面，有些女孩却想要能够展现这些变化的衣服，如紧身上衣、短裙，有时这会引发父母和孩子的对立或者是引起青少年关于适合穿哪些衣服的讨论。

像男孩一样，女孩的隐私部位也开始生长毛发。女孩可能也会注意到腿上、胳膊上和腋窝处的更多毛发。如果你是一个女孩，也许会开始考虑是否应该把腿上和腋下的毛发剃掉，你想这样做的话，请先和自己的父母商量一下。

正如你刚刚读到的，随着进入青春期，一个男孩的嗓音开始变得低沉。你知道女孩长大后，她的嗓音可能也会有一点儿变化吗？通常不会像男孩那样明显，但是你可以注意到你或者你认识的女孩的嗓音会有一点儿轻微的不同。这是在青春期发生的自然的改变。

青少年的专属时刻：卡拉的故事

卡拉觉得戴胸罩去上学很尴尬，她担心自己被男孩们区别对待，认为别的女孩会猜想为什么她需要戴胸罩而她们不需要。卡拉看上去的确比她的大多数朋友先进入青春期，可她不想跟别人不一样。

当卡拉第一次戴胸罩上学回家之后，她告诉妈妈："我知道一个男孩注意到了但没说什么。亚莉克莎问我感觉怎么样，但没什么，因为我们是无话不谈的好朋友。我很高兴第一天结束了。我想我已经处理好了，这真的不是什么大事。"

你或者你知道别人是否有过相似的经历？

你认为卡拉对自己处理这次经历的感觉怎么样？

你会怎么做？

如果你是卡拉，第一次戴胸罩去上学，你会感觉怎么样？

除了外部的生理变化，还有一些变化在女孩的身体内部发生。刚开始进入青春期，女孩的身体开始成熟，最终会具备生殖（生育孩子）的能力。荷尔蒙（体内的化学物质）会给卵巢和子宫发送生长和成熟的信号。在青春期，你可能开始来月经，通常也被称为例假。很多女孩在11~13岁时来例假，但是也有一些女孩会更早或更晚。没有准确的年龄要求什么时候应该来例假。在例假期间，子宫内壁因为充血和组织发育而增厚，使子宫在怀孕期间成为婴儿生长和发育的完美场所。

你的身体每月都会形成这种内壁，如果没有怀孕，这层内壁就会通过阴道排出，这就是"例假"。例假通常会持续几天到一周，而且大约每月发生一次。

> 和父母交流——他们能帮助你做好准备，让你对身体的这种自然变化感到轻松。

在例假期间，你可能会感到有绞痛感，特别容易情绪化，或者会有粉刺和乳房胀痛感。所有的女孩都不一样，所以上述的一些或者所有症状可能不会在你身上发生。如果你有这些症状，都是暂时的，只是会让你感到不舒服或疲倦。

女孩有很多不同的方式来应对自己的例假。奥利维亚感到尴尬，玛丽感到非常骄傲和兴奋，布鲁克对此觉得很不方便。有些女孩担心别的孩子会取笑她们，有些女孩担心会在学校或野营时来例假，所以她们会在背包或储物柜里准备卫生巾。你可能会有其他的或综合的应对方式。如果你的朋友比你来例假早，你会觉得怎么样？如果你第一次来例假，你应该如何应对？和父母交流——他们能帮助你做好准备，让你对身体的这种自然变化感到轻松。

每个人都变了！

正如你刚刚读到的，男孩和女孩的身体在青春期都会发生一些变化。如果你对正在经历的变化感到难为情或者不舒服，你可能会问自己："我为什么会感到不舒服？我知道每个人都要经历这些变化。"你对这个问题有答案吗？另外，考虑以下事项可能会对你有所帮助：

- 你变化的速度与朋友们不一样，没有关系。每个孩子最终都会拥有成年人的身体，成为一个成年人。
- 每个人的身体都会变化，这是自然的事情。
- 如果你对自己经历的生理变化感到尴尬，提醒自己这是自然变化。
- 如果有人取笑你，礼貌地提醒他们：每个人都会改变。
- 你的身体不会在一夜之间就变成成年人的身体，你需要时间去适应这些变化。你要试着有耐心地经历青春期的成长。

记住，你正在经历的变化是自然的，每个人都会在某种程度上经历这些变化。

身体意象

身体意象是指你如何看待自己的身体，而不是别人看你的方式，也不是指你身体真正的样子。你可能要花上几分钟时间去真正观察镜子里的自己，观察自己的头发、眼睛、鼻子、嘴巴、脸颊、耳朵等，然后观察整个面部——所有部分一起观察。你能找到对自己的外貌感到满意的理由吗？你是否喜欢你看到的样子？你是否知道如果你对自己的外貌感到有信心，别人可能会觉得你更有吸引力？

一些青少年想成为他们在杂志上看到的像模特、电影明星和运动员一样帅气、漂亮的人。你是否知道：杂志有时候会修改照片来改变形体、掩盖缺点，从而使名人看起来比实际上更苗条、更有吸引力？如果你想成为在杂志上看到的人，你可能在追逐一个虚幻的形象——一张通过制作人员和技术的帮助、已经被修改或改进的图像。

作为一名青少年，你可能会对自己的身体变化感到尴尬。当你适应正在成熟的身体时，可能会发现对自己的外貌过分严苛，甚至评价自己比评价朋友更加苛刻。如果你倾向于寻找不足，那就试着去改变自己关注的地方。看着自己的身体，提醒自己：自己的个性品格、行动和反应的方式——是结交和保持朋友的关键——而不是体重、身高或者其他生理特征。

克洛伊对自己的身体感到不满意，她开始为"长胖"而烦恼。她的父母没有觉得克洛伊超重，儿科医生也说她一切都好。但是，克洛伊总是觉得她需要减轻体重。所以，克洛伊每天晚上开始几个小时的锻炼，而且吃得也少了。最终，她对身体的关注、锻炼和饮食控制得过于极端，有一天因不能外出而住进医院，被诊断为神经性厌食。大多数青少年不会发展到这种危险的情形，但是会有很多人感到自己太胖、太瘦，或者想要改变自己面部或身体的某些地方。

知道现在该怎么办：

完美的身体？

你是否知道，有一些青少年相信，如果他们拥有一个完美的身体，他们会更高兴、生活会更好？在一项关于美国青少年和法国青少年的研究中，研究人员发现几乎75%的美国青少年"相信如果拥有完美的身体，他们会更高兴、生活会更轻松"，而只有不到25%的法国青少年相信这一点。你是否感到吃惊？你认为美国青少年比法国青少年更相信这一点的原因是什么？你是否认同如果拥有完美的身体你的生活会更好？你认为存在"完美的身体"吗？你能接受自己身体的样子吗？

Ferron, C. (1997). Body image in adolescence: Cross-cultural research—Results of the preliminary phase of a quantitative survey. *Adolescence,* 32.735-745.

一些青少年甚至会因为脸上长青春痘而在家里待着不想去学校。你可以这样考虑这个问题：青春痘只是一件小事，是你身体中很小的一部分。当道格拉斯长了青春痘之后，他就把所有注意力都放在这件事上了。他解释说："我看到的都是青春痘，它好像有魔力一样让我只专注于这件事。我害怕去学校后，其他人会盯着它看一整天。"你同意道格拉斯的话吗？记住，不管你是否有青春痘，你仍然是你。如果你尝试一整天都把手放在上面，那可能只会让别人对你感到好奇；如果你不把它看成大事，别人通常也不会。如果你经常长青春痘，你可以问问父母是否

> 你没必要去模仿另一个人的模样。

第五章 青春期的生理变化

应该去看一下医生，从而决定是否需要用药物来治疗。

好消息来了，你是独特的！尽管有时你意识到自己的独特性，但是你不想和朋友们不一样。如果你专注于自己的不一样，可能就会感到比别人缺少能力、吸引力和变得不自信。但是，真正的好消息是，你是独一无二的！你没必要去模仿另一个人的模样。你可以学着去欣赏这样的事实：没有人和你一模一样。即使你有一个同卵双胞胎，也仍然会有所不同。考虑以下事项可能会对你有帮助：

- 身体意象是指你如何看待自己的身体，并不是指你身体真正的样子。
- 考虑自己的身体意象是否是现实的，这很重要。
- 如果你对自己的身体不满意，可以咨询父母，如果你相信他们，就要相信他们说的话。
- 如果你确实需要真的注意什么——比如关注体重或者锻炼肌肉——可以向医生请教一些安全的建议。

有件事情是确定的：你的身体在你的一生中都在变化。如果你现在学着接受自己，你就不会过分关注自己没有能力改变的事情而学会去享受生活。而且，你还能够试着掌控那些真正的变化和让自己变得更加健康的事情（例如健康饮食、运动健身）。

讲究卫生

当成年人与青少年谈到个人卫生或身体清洁时，很多青少年会感到烦恼或窘迫，请不要跳过阅读本部分，虽然内容不多，但也许能让你多考虑一些卫生事项，比如洗澡、洗手、剪指甲、梳头发、刷牙、穿干净整洁的衣服。

青少年的身体产生各种各样的激素，这意味着如果你出汗太多而且还不洗澡，可能就会有体臭味。即使你自己没有意识到或者闻不到，别人可能也会闻到你身上的味道。口腔异味也可能会被人注意到，但通常可以通过刷牙来轻松解决。你是否注意到：耳朵周围挂有耳垢、用袖子擦拭鼻子、嘴巴上还带有早餐、刚洗过头发而没擦干，这些问题都是青少年应该开始注意的事情。

> 一旦形成规律，甚至一天都用不了15分钟。

莉亚总是忙着锻炼并且取得了好成绩。但是，有一天，她哭着回家了，她告诉妈妈："我今天感到很尴尬，因为在咖啡馆里布莱恩让我坐得离他远一点，他说我好像刚抱过一只臭鼬似的。之前我总是太忙而不去洗澡，因为要花很多时间去清理耳朵、头发和其他部位，但是从现在开始，我要这样做了。"

虽然布莱恩这样说不礼貌，但是他确实说出了别人想说而没有说的事实。最后，莉亚和妈妈制订了一个符合莉亚的时间安排的洗澡计划。

了解到青少年非常在意自己和别人的身体之后，就应该特别关注清理自己身体的方式了。一旦形成规律，甚至一天都用不了15分钟。

第五章 青春期的生理变化

展示自己

每次你和别人一起走进房间,都是在和别人分享你的信息。别人可能不会判断你是好人、坏人或者是否有吸引力,但是,他们在了解你的一些事情,他们可能很快能捕捉到你是不是外向、坚强和快乐。在这部分,你有机会想一下如何展示自己。

青少年有很多互相交流、展示自己的方式,比如通过他们的风格和行为方式,下面是一些需要考虑的事项:

- 别人将会从你展示自己的方式中获得什么信息?
- 这是你想让他们获得的信息吗?
- 古谚有云:"进门时,以貌取人;离开时,智慧得人。"所以,即使你的风格关系到第一印象,你的性格和观点可能会起到更大的作用。换句话说,别人记住更多的可能是你的性格而不是外貌。
- 如果你想要表达什么,试着让自己的外表风格符合你的内心。例如,有时T恤衫的标语就能显示你对某类影像或运动感兴趣。这可以成为你和你的兴趣、想法或性格的暗示。
- 如果你发现需要在父母面前掩盖自己的风格——例如去上学时父母要求你换衣服——想一下他们为什么不喜欢你的风格,你是否想做出改变。你的父母可能看上去已经过时了,但是他们也与自己的父母有不同的风格。试

> 着向父母解释自己的风格，他们可能会更多地理解你和你的选择。
> - 考虑一下，你是否选择了一种适合别的孩子接受的风格，即使这让你感到不舒服。如果是真的，别的孩子不接受你跟他们不一样的风格，那么他们还算是真正的朋友吗？

在阅读更多的内容之前，花些时间想一下你是如何通过行动和外貌来让别人了解你的。记住：你对衣服的选择，个人卫生和发型，你的行为、幽默感、兴趣，甚至是否是一名好的听众，都是别人了解你的重要方式。

拥有自信

风格不仅是与你穿的衣服有关，与你的态度和你所拥有的品质也有关系。即使是双胞胎，仅仅因为他们走路、说话和肢体语言的交流方式不一样，就可以对一个陌生人表现得区别很大。

花几分钟想一下你的自信水平和自我展示的方式。下面是一些应该考虑的问题：

> - 即使你站得离别人很近，你是否仍然躲避？
> - 如果别人真的了解你，你是否还觉得他会拒绝你？
> - 当你分享自己的观点时，是否觉得轻松舒服？
> - 当你不知道什么情况时，你是否能轻松承认？

> - 你是否能轻松地列举出三条让别人喜欢、想要了解你的理由？

正如你意识到的，如果你对前两项的回答都是肯定的，你可能并不那么自信。如果你对后三项的回答都是肯定的，那么你正走在变得自信的道路上！

下面是一些能帮助你自信地应对青春期的变化的提示：

> - 如果你因为自己正在变化的外貌而被别人嘲笑，自信地说："那又怎么样？""就这样了，然后呢？""我长大了！"
> - 和自己信任的人交流，你就不会感到孤单。
> - 关注你觉得积极的变化，从而建立自信。

每个青少年都在变化，即使你可能永远也不知道别人是如何应对的。可能你需要时间来适应，并且变得自信。记住：你可以关注消极的事情，让自己情绪低落；你也可以更多地关注自己的能力和积极事情，让自己感觉更好。最后，请记住：你没必要让自己独自经历这个过程。

青少年
注意事项

- 实际上,自信能让你看起来不同。

- 为自己选择风格,而不是为了你的朋友们。

- 尽管你在经历青春期的变化时可能会感到孤单,但所有青少年在经历时都会有这种感觉。

在本章中,你了解到关于怎样对自己变化的身体感到更加轻松和更有信心的方法,以及怎样与支持自己的成年人谈论这些变化。形成你自己的青少年风格,照顾好自己的身体,通过肢体语言自信地交流,这些也都提到了。你已经能够考虑如何通过身体上的变化来展示自己,现在到了探索你可能对别人产生的感觉的时间了。在下一章中,你将会读到青少年对异性的感觉以及如何交往的内容。

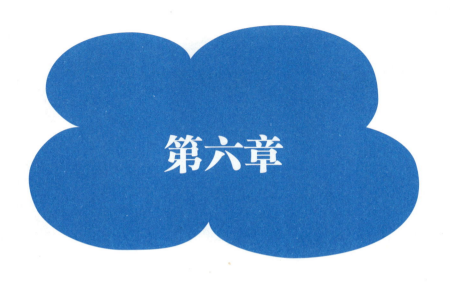

第六章

爱慕和约会

发育并不只是改变你的身体和外貌,也会改变你对男孩和女孩的感觉。在青春期,你可能会感到被某个人吸引,或者想要交一个男/女朋友,也可能不会!

花些时间考虑一下下面的内容，看这些是否描述了你？

- ☐ 我对自己被别人吸引感到轻松。

- ☐ 我对自己没有喜欢过谁感到轻松。

- ☐ 如果我对某个人有浪漫的想法而且知道别人没有这样的感觉，我通常会尊重对方。

- ☐ 在我决定和某人约会前，我会考虑后果。

- ☐ 我不约会是因为自己感受到朋友们给我的压力。

- ☐ 如果别人知道我对某个人的感觉而嘲笑我，我知道应该如何处理。

- ☐ 我知道如何尊重别人，而不是有兴趣去跟他约会。

第六章 爱慕和约会

还记得关于青春期里每个人有自己成长的时间表的内容吧？这也适用于爱慕和约会。通过本章的剩余部分，你会读到更多当自己或别人对自己的浪漫感觉产生时，你可能会有的感觉、行动和反应。你也会读到被别人吸引、约会等内容，如果你没有上述感觉，也没什么！

被别人吸引

在青春期，你可能会感到自己被某个人所吸引。被别人吸引意味着你对这个特别的人有浪漫的感觉。你是否有过第一次被一个人深深吸引的经历？

被别人吸引的原因有很多，每个人的感觉也不一样。被别人吸引是很难解释的——有时感觉很强烈，有时仅仅是那种"知道了"被别人吸引的感觉；有时只要看到那个人或听到他的声音就能让你兴奋和高兴；有时你的感觉一片混乱，会感到紧张或尴尬。可能你对那个人有强烈的感觉，你想和那个人有一场浪漫的约会。你也可能感到被那个人的外部形象所吸引。帕特里克喜欢珍妮的原因是：珍妮是运动员，爱好竞争，看上去聪明伶俐，还有一双大眼睛。赖拉被皮特所吸引的原因是：皮特有肌肉，个子高，善良，聪明。查理对盖比感兴趣的原因是：他喜欢盖比的笑声和对学习特别重视。

正如你可能知道的那样，有一些女孩被男孩所吸引，也有一些男孩被女孩所吸引。被某人吸引会让人感到兴奋和奇妙、难解和困惑，是一种复杂的感觉。青春期是一个改变的时期，你没必要马上就了解自己和自己的感觉。

青少年会被一个从没见过的人所吸引不是什么稀奇的事情。这正常吗？当然！这给予青少年一次开发自己感情的机会。感觉从来无所谓对错好坏，感到被某人吸引是非常自然的事情。但是，如果你老是痴迷或持续地想某个人，不关心学习、朋友还有你的责任，并且你还发现吸引自己的那个人不可能对你有感觉，那么这种吸引就会发展成一种担忧。如果发生了这样的事，就退回一步，提醒自己：这种吸引以不太好的方式影响了自己的生活，那么就应该继续自己的正常生活。

> 感觉从来无所谓对错好坏，感到被某人吸引是非常自然的事情。

即使你感觉被吸引的孩子是跟你同一个学校或者同一个班的，你仍然可以悄悄地享受你的感觉。当莎丽告诉泰里自己被迈克尔吸引时，泰里建议莎丽可以告诉迈克尔，泰里认为如果迈克尔也喜欢莎丽会是件好事，但是莎丽马上说："不！不要！如果你告诉他，我会很尴尬的。"你能理解莎丽的反应吗？

当你被某人吸引时，想要保密也没什么。花些时间去享受这种经历。以后你再考虑是否与自己喜欢的人分享自己的感觉，甚至是否与朋友们分享。

在决定是否与朋友们或者自己爱慕的人分享自己的感觉之前，请先考虑一下以下问题：

- 你的朋友们是否会嘲笑你或者你喜欢的那个人？
- 你爱慕的时间长吗？还是你的感觉不停地变换？
- 别人或者你爱慕的人有可能会想谈论约会吗？
- 你的感觉公开化后，你是否感觉轻松？
- 假如你分享了自己的感觉，别人会不会以你不希望的方式进行评判？

现在，让我们假设一下，你知道有个孩子喜欢你，但你对他没感觉，你会怎么做？实际上你不需要做任何事情。但是请记住：你不能因为知道那个孩子喜欢你而不想与他相处，就误导他、嘲笑他与别人的交往，或者让他来奉承你。

如果你对爱慕和约会感到压力很大，请记住慢慢来！向别人请教！从别人那里寻求建议！重要的是，你没必要独自一人马上就全部弄明白怎么回事。寻找支持团队——包括你的朋友、父母和你信任的成年人——能够帮助你了解自己、接受自己，并且确定自己应该如何处理这些新鲜和正在变化的感觉。

青少年的专属时刻：凯丽的故事

凯丽和贾斯汀从幼儿园开始就是亲密的朋友，凯丽从来没有把贾斯汀当作自己的男朋友。但是，有一天，当他们在看电视剧里的两个高中生约会时，贾斯汀说：

"也许我们俩上高中也这样。"

那天傍晚,凯丽和两个姐姐谈起贾斯汀时,她问道:"为什么他会那样想?我们仅仅是朋友!"凯丽的姐姐们告诉她,她不能预设贾斯汀是以某种方式去想和感觉的,需要小心别伤害到贾斯汀的心。

第二天,凯丽说:"贾斯汀,我现在还没想到要约会。我真的喜欢和你做亲密的朋友,让我们保持这份友谊吧。"

凯丽迫不及待地告诉姐姐们贾斯汀的回答,她说:"我和贾斯汀谈话了,我告诉他,我对约会还没有做好准备。猜猜怎么着?贾斯汀告诉我,他在我身边时感到紧张,现在他知道我想保持亲密的朋友关系后,反而放心了。我想我们俩处理得很好。"

你觉得凯丽对这种情况处理得怎么样?

你是否身处过类似的情况?

应对他人的捉弄

有时候有些青少年会捉弄他们喜欢的孩子,即使这会让人感觉不舒服。听起来让人很费解,是吧?这确实让很多青少年都很困惑!很多青少年开始以不同的方式来看待其他人,例如"她身材很棒!""他真聪明!"你可能会感到不安或者不确定如何去接近自己感兴趣的那个人。有时,青少年采用捉弄

> 青少年采用捉弄的方式去接触某个人,而不是直接处理这种新感情,这种方式可能会伤害到那个人。

的方式去接触某个人，而不是直接处理这种新感情，这种方式可能会伤害到那个人。

阿瑟觉得伊莎贝尔很聪明，想跟伊莎贝尔聊天。但每次靠近她，阿瑟就变得害羞，而且只注意到伊莎贝尔的聪明伶俐。他还尴尬地发现自己在捉弄伊莎贝尔时，会觉得放松很多。他不想伤害伊莎贝尔的感情，但还不想让别人看出来自己好像喜欢她。不幸的是，伊莎贝尔受到了伤害，她的朋友也对阿瑟很生气，但阿瑟玩笑开得更多了，他说："我不知道还能做些什么。"

如果接近自己喜欢的人会让你感到紧张，下面是一些可能帮助你又不会伤害别人的事项：

- 说一声"你好"，这是一句简单的话，但是可以让别人知道你的存在。
- 询问一下那个人周末怎么度过。
- 赞扬那个人的功课或者他在课堂上的一句话。
- 参加自己喜欢而且那个人可能也会参加的活动，这样，你们就可以一起谈论这项活动。

如果你是那个被捉弄的青少年，你该怎么办？你不能完全确定为什么别人捉弄你。也许是因为那个人爱慕你而不知道如何处理；也许是因为那个人就是喜欢捉弄你，想让你感觉不舒服。在本书之后的部分里，你会阅读到更多关于如何处理第二种捉弄的内容。

首先，让我们通过一些步骤来判断：那个捉弄你的人是不是因为爱慕你才这样，就像阿瑟对待伊莎贝尔一样。下面是一些你可以尝试的方法：

- 说出来！这些玩笑已经伤害到你，而且你也知道那个人通常很友善，所以你才会感到困惑。这样能鼓励他与你进行一次尊重而积极的对话。
- 围绕你们俩都感到轻松的话题，与那个人进行一次对话。
- 如果你感到不被尊重，就走开。不管那个人捉弄你的理由是什么，你都没必要接受这样的对待。
- 记住：不要用捉弄进行回击。你知道它的伤害有多大。
- 向一位成年人寻求支持和指导。

威廉对梅拉尼有好感，在12岁时，实际上他还不想约会或让别人说自己有女朋友。但是，他真的想让梅拉尼知道自己喜欢她。所以，他开始频繁地出现在梅拉尼身边。他给梅拉尼发短信，来帮助自己做家庭作业，因为他想和梅拉尼保持联系。当梅拉尼在附近出现时，威廉发现自己总是在看她。你觉得接下来会发生什么？下面是一些可能的结果：

- 梅拉尼对自己被关注感到荣幸，威廉没有跟她约会，她也感觉很高兴。
- 梅拉尼对自己被关注感到荣幸，威廉没有跟她约会，她感到困惑。

- 梅拉尼或威廉的朋友们嘲笑他们俩相互喜欢，所以他们俩都感到不舒服。
- 别人可能认为梅拉尼或威廉已经被对方吸引了，因为每个人都相信他们俩已经开始约会了。

如果你决定去约会，请记得考虑另一个人的感觉、朋友们可能的反应以及约会的原因（是因为同龄人的压力还是因为自己感觉合适）。同龄人的压力会很大，这意味着朋友们会以某种特定的方式行动或思考，来给你施加压力。如果他们迫使你做一些自己喜欢的事情，这还不算什么压力；但是，如果他们迫使你做一些让你感觉不舒服的事情，那么这就会产生很大的压力。

> 如果你对某个人不感兴趣，可以小心并尊重地对他进行解释。

如果朋友们给你压力，认为你应该和某个人约会，但是你真的不想这么做，那么你就要停止这种行为。正如你已经知道的，约会是与另一个人分享你被他吸引的感觉，所以要始终考虑到你的感觉和另一个人的感觉。但是，有时候很难抗拒同龄人的压力，如果你不确定如何处理，可以向你的父母、信任的成年人甚至哥哥姐姐寻求建议。

现在，如果有人想和你约会，但是你却对这个人没感觉，你会怎么办？

可以让那个人知道你被他关注感到荣幸，但现在你仅仅是想做朋友，还没有做好与任何人约会的准备。但是，如果一周后你开始与别人约会，那么原来爱慕你的人就会觉得你是不诚实的，感觉受到了伤害。

如果你对某个人不感兴趣，可以小心并尊重地对他进行解释。你可以这样说："你真的很好，一定会有人跟你约会的。我觉得这样说很困难，但我真的不是那个人。如果伤害了你，我真的感到很抱歉。"这样的话，你不会给那个人造成没人喜欢他的感觉，而你也以诚实而不是伤害他的方式表达出自己的意愿。

处理约会的问题

有些青少年喜欢被别人吸引，他们想去约会，他们会用"约会"的方式对外宣布彼此之间相互吸引，可能会说很多话或者发很多条短信，有时还一起外出，甚至牵手。

始终牢记一句话：不能未经人允许而和别人约会。约会的两个人都要认同这一点。所以，在告诉朋友们你和某个人约会之前，请确定这个人知道并且认同！艾莉森告诉朋友们，她和戴维在约会，后来戴维的一个朋友问起这件事，戴维说："我不知道这件事啊！"戴维对艾莉森告诉别人他们在约会这件事很不高兴。

现在，假设戴维和艾莉森两个人都想要约会。花些时间确定一下以下事项，可能会有所帮助：

> - 这对他们来说真实意味是什么？别人会怎么想？
> - 在这样的关系下，他们俩会做些什么？
> - 这种约会关系的局限是什么？

设定底线可以避免以后的误会。塞伦和雅娜交流后，想要约会。雅娜说："我不能和你外出约会，我的父母不允许这样。"塞伦完全同意雅娜的话，他们在对"约会"这件事上达成了共识。如果你发现自己和另一个人对约会的定义有很大的不同，对你们俩而言，现在还不是适当的约会时间。

约会是复杂的，如何度过这个生命中的全新时期，和父母交流总是有帮助的。而且，与父母协商，看他们是否认同你现在适合去约会。你也可以按照自己舒服的方式进行处理，并且对另外一个人保持尊重。不要强迫或者让别人因为内疚而与你约会。

考虑约会时，很多人没有想到过分手，但还是要在约会前考虑到这一点。如果你们俩或者其中一个人决定不想再约会了，会发生什么？如果你认为分手会永远地破坏自己和另一个人的友谊，或者你与其他朋友的友谊（朋友们会站队吗？），那么现在也许还不是考虑约会的时候。

有些青少年喜欢约会，他们希望经历一些新鲜的事情，但是他们有时也会对是否做好准备约会感到不确定。如果你正在考虑约会，请确保自己不是因为同龄人的压力而做任何事情，和父母或生活中其他信任的人交流，讨论约会带来的可能后果。

下面是一些需要记住的事情：

- 请花些时间——成长和约会是一段旅程，而不是比赛！
- 约会是非常私人的事情，不应该受同龄人压力的影响。
- 请确保你自己和父母都对你决定做的事情感到轻松。
- 和父母交流，确保你现在是否适合开始约会。

有些青少年虽然喜欢约会，但实际上不想成为任何人的男/女朋友，所以，你不能仅仅依据一个人的行为来断定他想要做什么。可能你已经知道了，如果自己想要和一个人约会，但他却对此感到不舒服，那么，就还不是劝说他开始约会的时候。你不能强迫别人做一些他们不想做的事情！所以，对应地，请做好被拒绝的准备——不是你本身，而是你的建议——找到合适的方法，拥有支持团队能够帮助你！很多青少年关注自己身体的变化，自己的感觉、期望和想法，他们对约会真的不感兴趣，你需要尊重这个事实。

有些青少年暗示自己是在约会，但实际上他们只是在聊天或者和另外一个人发很多短信。他们也许会说自己在做一些不同的事情，这样别人就会觉得他们很酷或者已经长大。

组团玩耍

很多青少年喜欢和一群孩子外出玩耍，这让他们感觉自己被接纳，能够认识很多孩子，享受与很多不同类型孩子的友谊。记住：你没必要完全摆脱童年时期的朋友、兴趣和活动。你可以同时拥有新朋友和老朋友，可以一起玩在线桌面游戏、打保龄球、看电影、打电子游戏。轻松对待成为青少年的转变是很好的方式。青少年对约会不感兴趣也是正常的，很多青少年只关注自己的活动和朋友。因为以后会有很多时间去约会，没有理由在你做好准备之前就急着向青少年"冲刺"。

有些青少年说他们想约会，希望更好地了解吸引他们的对象，或者仅仅是成为朋友。毕竟，青春期里青少年的发育有时甚至给老朋友之间也会带来新的感受。所以，青少年的外出玩耍不同于你7岁时的外出玩耍。

> 青少年对约会不感兴趣也是正常的。

正如你在第一章中读到的，艾玛对约会不感兴趣，而安德鲁感兴趣，没有完全正确的感觉方式。有时，青少年会因为同龄人的压力或者不希望被视作不同而做出自己想要约会的行动。即便有些青少年让你觉得他们"都在约会"，你仍然需要有勇气做出让自己感觉舒服的决定。

你做出的任何一个关于处理捉弄、约会的选择都会对你本人、你的声誉以及可能涉及的人造成影响。所以，一定要考虑你的选择和选择的结果。

青少年注意事项

- 花些时间去享受你的爱慕——除了享受这种感觉,你不需要做任何事情!
- 一旦你告诉别人自己被某人吸引,这件事便不再是隐私。
- 即使现在你觉得不是约会的合适时间,未来也会有合适的时间。

在本章中,你读到了关于爱慕、约会以及这些选择的可能后果。此外,你了解到不要因为同龄人的压力而去约会。向自己信任的成年人寻求指导,拥有亲密的朋友或支持团队,是度过青春期的好方法!在下一章中,你将会阅读到青少年的社交生活。

青少年的社交生活

你是独一无二的!可能你也真的喜欢向别人展示自己是一名独一无二的青少年。但同时,你可能为适应与其他人保持一样而感到有压力。当然,这是一个典型的青少年难题!

花些时间考虑一下以下内容，这些事情是否与你相关？

- ☐ 我有一群非常适合自己的朋友！

- ☐ 我知道自己为了要适应而需要做出多少改变。

- ☐ 即使有时候我感到与别人不同，我也觉得自己仍然属于某一团队。

- ☐ 有时我是一个追随者，有时我是一个领导者。

- ☐ 即使我的朋友不赞同我，我仍然会做出我为之骄傲的决定。

- ☐ 即使我感到与别人不同，我通常也不会觉得孤单。

- ☐ 我有时独自做自己的事情也会觉得舒服。

既想成为独立的个体同时又不希望显露出来，这会让人感到困惑甚至产生压力，这在你身上发生过吗？你是否感觉从两个不同的方向被拉扯？是做你自己还是做别人眼里的你？你想做独一无二的、精彩的自己，而不是那种引起别人对自己注意的不同？

在青少年时期，确定自己是谁、自己想要什么，找到和你在一起玩耍能让自己感觉舒服的朋友，特别是当你处于变化中而大家都拥有不同的青少年成长时间表，这将是个挑战。你可能感觉朋友们不欣赏你了，他们希望你能像他们一样。事实是，你仍然是你，并且仍然能够融入朋友当中。但是应该怎么做？继续阅读吧！

友谊会发生变化

现在你是一名青少年了，你可能会突然发现自己喜欢和不同的朋友外出玩耍了。可能老朋友现在有不同的兴趣了，或者开始和其他朋友在一起了。你可能会在学校里或新的活动中遇到一些新的朋友，你能和他们真正地享受外出玩耍。友谊现在看起来可能不一样了。也许你曾经最好的朋友变成了好朋友，甚至变成了仅仅是一个熟人。友谊发生变化了。你已经是一名青少年了，怎么会不变呢？

> 事实是，你仍然是你，并且仍然能够融入朋友当中。

你可以和过去亲密的老朋友或最好的朋友保持联系，但是现在你可能只是把他们当成一个熟人了。如果是这样的话，找时间和曾经最好的朋友一起外出玩耍，你们曾经在一起的时间很长，甚至将彼此视为远房的亲戚——即便你们见面不多，但当你们在一起时，仍然会有一个特殊的纽带。所以，保持这种联系是有意义的。

如果你和曾经最好的朋友在一起所花费的时间和精力超出了你的预期，你要向他解释你仍然珍惜和他在一起的时间，但同时也需要时间去认识别的朋友和做新的活动。这可能会让你曾经最好的朋友很难理解和接受。记住：你曾经和最好的朋友非常亲密，所以当你试图去改变这种关系时，请尽量多考虑和注意一些问题。例如，试着为他找些时间，避免对别人开一些关于他的玩笑或者跟别人讲一些关于他个人情况的事情，要知道有时曾经最好的朋友在青少年时期会再次成为你最好的朋友。考虑一下如果角色转换，你希望被别人如何对待。如果你曾经最好的朋友现在只想把你当作一个熟人——那么你对待曾经最好的朋友就要像自己希望被如何对待一样。

另一方面，你是否曾经想和某些人保持亲密的朋友关系，但那个人却走开了？你最好的朋友是否冷落过你？当这样的事情发生后，有些青少年会感到被拒绝、伤心、孤单、恐惧、生气和其他一些感受。达芙妮想保持与克里斯的亲密关系，她经常和克里斯在午饭和课余社团里一起玩耍。当她们和一大群孩子讨论过去经常做的事情时，她总是试着引起克里斯的注意。猜猜怎么着？克里斯觉得达芙妮很烦人，希望结束与达芙妮的所有接触！"我到哪儿，达芙妮就到哪儿。每次我想要和别的孩子玩耍时，达芙妮就出现了。我开始觉得不喜欢她了，她看起来真令人失望！"

如果你感到自己被冷落或者失去一段亲密的友谊，你会怎么做？你要做的一件事情是关注你以前的好朋友的感觉和行动，让他知道在

> 尝试新的活动，结识新的朋友，知道更多让自己感到高兴的事情和人。

你们都有空时，你仍然想和他一起外出玩耍——但是没必要做出你在等待的样子。如果你感到原来的朋友因为你偶然伤害了他的感情而与别人一起玩耍，试着在私下里向你的朋友解释。另外，记住：你想要找到和你一起外出玩耍的朋友，无论你多么努力，都不能强迫别人！如果不能与朋友在一起而有空闲的时间，就让这段时间过得有趣些——尝试新的活动，结识新的朋友，知道更多让自己感到高兴的事情和人！

如果你仍然觉得情绪不好，试着与自己信任的成年人进行交流，他们可能会提供一些对你有帮助的想法。

结识新朋友

作为一名青少年，谈到友谊时，有很多事情需要考虑。花些时间想一下下面的问题：

- 你能拥有很多好朋友，而不是只有一个最好的朋友吗？
- 即使你和原来的好朋友不那么亲密了，你仍然能找时间和他一起聚聚吗？
- 即使友谊发生变化了，你知道如何让自己感觉还好吗？
- 你是如何找到更多与自己志同道合的朋友，并与他们分享相同兴趣的？

> - 如果你身处一段友情之中，却不能做独立的自我和一些自己感到安全、合适的事情，你会和你的朋友谈论这些吗？如果你感到不被尊重或者被迫去做一些自己认为不安全或不合适的事情，你能脱身离去吗？

青少年的专属时刻：雅各的故事

雅各和本是老朋友了，从小时候起，他们就形影不离。当他们长大后，雅各发现自己喜欢玩长曲棍球，但是本却仍然喜欢玩电子游戏。当雅各参加了长曲棍球队后，他开始和队友们一起玩耍，和本在一起玩的时间不多了。刚开始，雅各感觉很好，因为他不再对电子游戏着迷，所以他觉得和本在一起玩很没意思，他们现在毫无共同之处。但是最终，雅各意识到本仍然是自己的好朋友，他也真的很喜欢本，本的幽默感和他一样！于是，雅各开始花一些时间和本一起玩足球电子游戏，甚至还找到了一款本也喜欢的长曲棍球电子游戏！

你或你认识的人中是否发生过类似的事情？

你对雅各的处理方式有什么看法？

如果你是雅各，你会怎么办？

如果你是本，你会感觉怎么样？你会怎么做？

如果你对认识陌生人和结交新朋友感兴趣，你会怎么做？下面是一些结识新朋友的建议：

- 确定自己想结识的人——是与自己分享兴趣的人，还是那些看上去不错、喜欢找乐趣的人？
- 找到自我介绍的合适时间。比如，当别人着急冲向教室时，就不是一个很好的时间。
- 找到自我介绍的好方法。不经意地说出可能是一个好方法。你可以说类似这样的话："你的艺术作品非常棒，我也喜欢艺术和水彩画。你从事绘画多长时间了？"这样，你既告诉别人自己的兴趣了，也让别人得到一个回答问题的机会。
- 通过对着镜子说话或者角色扮演来练习自我介绍。
- 慢慢来！因为别人对你的态度可能不会像你期望的那样，但是这并不意味着他讨厌你，这可能意味着你们需要进一步了解彼此。
- 事不过三！如果你尝试三次去了解某人，但是却得不到他的任何回应，那么你就要考虑去结识其他朋友了。

当你在结交新朋友时，记住：你想要找的朋友是和自己一样努力去了解对方的人！

知道现在该怎么办:

学习如何成为朋友

你知道在你很小的时候就已经开始学习如何友好地与别人相处了吗？一起玩耍是培养儿童的社交能力的一种方式。即使有些人没有很强的社会交往能力，也能慢慢学会。如果你发现自己正在努力去交朋友，你可以寻求帮助！向你的父母、哥哥姐姐、老师、学校的心理辅导员或者支持你的人咨询建议。尝试一下吧！

Lawhon, T. (1997). Encouraging friendships among children. *Childhood Education,* 73, 228 - 231.

在朋友中扮演的角色

关于友谊，有时人们扮演的角色是一个人永远都是领导者，另一个人永远都是追随者。这可能存在一些友谊中，但是为什么要把自己限制为其中的一种呢？假设你和班上的其他三名同学参加一个社会学研究的项目，哈罗德擅长组织，葛罗瑞亚喜欢写作，布列塔尼喜欢绘画。难道你不想听听他们对项目的想法以及他们能为项目做些什么吗？你也可以分享自己的特殊才能和谈论自己对这个项目的看法。这样的话，就不会只有单独的一个领导者，因为每个人都可以在自己专业的领域发挥领导作用。

倾听别人并采纳别人的建议——同时也分享你对这个项目的想法和计划——这样就能够完成一个特别的项目，因为它集合了很多人的观点、才能和想法。你的朋友们可能会有一些你没有的经历或知识。例如，你的朋友们可能玩过或者喜欢一项你从来没有尝试过的游戏，或者他们去你以前从没有去过的地方可能会感到轻松。如果你想和朋友们在一起，并且你认为活动也不危险，那么就尝试一下！可以事先向朋友们或家庭成员咨询，这样的话，你就能明白会发生什么事、活动规则是什么以及如何处理新情况。

青少年通常愿意朋友们加入自己的活动中，即使这不是朋友现在喜欢做的事情。要知道你对朋友们来说很重要，他们想让你加入其中，而你也愿意加入，这就会让大家都感觉很好。而不加入朋友当中可能会导致一些人受到伤害，有时甚至会丢失一段亲密的友谊。

> 青少年通常愿意朋友们加入自己的活动中。

但是有时，不参加某项活动（做一个追随者）和结束一段友谊却是明智的选择。如果你的好朋友想做危险或不合适的事情——例如旷课、偷窃或恐吓，做这些事情你会感觉不舒服，而且不想让自己的名誉受损。这种情况，与朋友疏远则是一个好主意。你可以告诉朋友你想挽回友谊，但他不能做那些让你感觉不舒服的事情。

记住：你是一个重要的人，要和那些尊重、欣赏你的人做朋友。你是否也尊重和欣赏你的朋友们？如果你和朋友都喜欢对方的伙伴、有相似的兴趣、不强迫别人以某种特别的方式进行思考，那么你会发现，你已经和朋友建立了一种很好的关系。

和朋友组团玩耍

你是否经常和一群朋友外出玩耍？想一下你的朋友们——是因为有相似兴趣而倾向于结伴行动，还是因为其他理由而结伴？有时候，知道自己想要什么、感觉怎么样、目标是什么以及自己适合什么样的朋友圈，是令人困惑的。花些时间考虑一下你的朋友圈，试着回答下面的问题：

- 你是否感到自己在团队中很放松以及能够轻松做自己？
- 你是否与团队中的其他朋友有共同的兴趣爱好？
- 你是否喜欢团队的声誉以及团队对待其他人的方式？
- 被团队接受后，你能否拥有其他朋友？

成为团队的一分子是有趣的。这个团队可以只有男孩，只有女孩，或者男女都有。确保你对所在团队的感觉是舒服的。你喜欢这个团队吗？你内心是否接受自己成为这个团队的一员？你是否仍然有时间与团队外的朋友外出玩耍？如果回答是肯定的，那么你已经找到了一个适合你的团队！如果回答是否定的，现在是不是离开这个团队的时候？你愿意做出多少改变或者会做些什么来适应现在的团队？这些都不是容易回答的问题。即使是成年人，对自己是否适合以及怎样适应自己的朋友圈或社会团队，也不是总知道如何回答。

很多时候，团队中的成员会以同样的方式思考和行动，所以如果

> 成为团队的一分子是有趣的。

团队中的每个成员相互欣赏、感觉舒服的话，他们就会觉得很放松。你甚至可能会发现一些团队中的孩子言行举止和穿着打扮都很相似。当一大群朋友频繁地外出玩耍，而且他们之间很亲密并有一种特殊的纽带关系，有时他们就被称为"小团体"。但这不一定是件好事，"小团体"通常用来描述具有不好特征的团队，比如排斥他人。

你曾经和与自己体重相当的人坐过跷跷板、试着保持绝对的平衡吗？这并不是一件轻松的事，在团队中也一样。向外界展示自己是一个独一无二的人以及展示自己是一个与团队中其他成员相似的人，很难在这两者之间达到完美的平衡。

你可能会因为一些同龄人的压力而与团队中的朋友们言行统一，对他们言听计从，与他们的行为保持一致。考虑一下你应该如何适应自己所在的团队：

- 你是否会因为想融入团队而隐藏自己的特质？
- 和朋友们一起外出玩耍时，你觉得自己的行为是自然的还是仅仅"在表演"？
- 你是否经常会让朋友们接受自己的兴趣或想法，并劝说他们和自己一样？
- 你是否努力表现出与别人不一样，仅仅是为了让别人知道你是与众不同的？
- 你是否感到自己既可以忠于自己的品质和想法，同时也能与别人共同行动和开玩笑？
- 总体而言，你觉得自己的跷跷板是否保持了一个很好的平衡？

如果你对后两项的回答是肯定的，那么，祝贺你！你能够欣喜地做独一无二的自己，也能够享受成为团队中的一员。

如果你仍然在努力地寻求平衡，你也并不孤单。如果你无论多么努力也无法适应团队，那么问自己一句："为什么？"

如果朋友们开始与你的行动不一样或者做你不喜欢的事情时，你会怎么做？这可能就到了是继续行动还是离开团队去结识新朋友的时候了。选择那些与你自己的品质和目标契合的人做朋友，这是成熟的一个标志。

青少年的专属时刻：潘妮洛普的故事

潘妮洛普喜欢古典音乐。她经常用音乐播放软件下载或者收听古典音乐。当朋友们发现后，他们开始嘲笑潘妮洛普。一个朋友甚至说："你是不是受你的祖父影响了？"潘妮洛普只是笑着说："我喜欢它。试一下，也许你也会喜欢。"潘妮洛普和她的朋友们有很多别的共同爱好，而且她也明确表示不会放弃古典音乐，所以她和朋友们对音乐的欣赏保留各自不同的意见。

你怎样看待潘妮洛普对朋友的嘲笑做出的反应？

你是否与自己团队中的朋友们有不同的兴趣爱好？

你是否有过相似的经历？

如果有过，你是如何处理的？

如果你发现自己身处一个与团队中的朋友们都不适合的境况中，下面是一些在你寻找新的团队朋友时需要牢记的事情：

- 找那些可以与你分享共同兴趣的朋友。
- 确保你想要与之成为朋友的孩子们喜欢和欣赏你。
- 考虑一下你是否能为与这样的朋友们一起外出玩耍而感到骄傲。例如，你是否会让老朋友和父母知道自己和谁在一起而感到轻松？
- 做你自己。如果你需要通过"去表演"而不是做你自己而让新的朋友们接受，那么，这就不是适合你的最好的团队。

在你结交新朋友时，要忠于自己的想法。如果你感到自己为了适应新团队而需要做出错误的行为——比如考试作弊——仅仅是为了适应这个团队，那么不如考虑另外的团队。

青少年的专属时刻：约瑟夫的故事

在约瑟夫小的时候，他和小区里的孩子、父母的朋友的孩子一起外出玩耍。现在，他已经十二岁了，他想和那些在自助餐厅里开玩笑、看起来很酷的孩子一起玩耍。

约瑟夫认为他的老朋友是单调乏味的人，他想加入新的团队。为了向那些"酷"孩子证明自己已经准备好加入，当他们讲笑话时，约瑟夫大声地笑；当他们需要家庭作业答案时，约瑟夫也提供给他们。后来，在约瑟夫知道其中一个孩子偷拍即将到来的数学考试答案时,他甚至装出高兴的样子。

约瑟夫认为自己是聪明、诚实和负责任的。他以前从来没有说过谎。但是,他没有阻止新朋友给自己发考试题的答案照片,因为他想要被新团队接受。虽然实际上约瑟夫并没有用这张照片,但即便这样,他仍感到内疚和不舒服。他开始觉得自己不够聪明,因为他接收了答案照片,而且他也不再是一个诚实和负责任的人了。他开始睡不着觉和不知道该做些什么——他想做维持自己与新朋友关系的事,也想做他认为正确的事。但是,他无法保证两者都做。

最终,约瑟夫从爸爸那里得到了解决这个两难处境的信心。刚开始,爸爸对约瑟夫的行为感到失望,但爸爸很快冷静下来。让约瑟夫感到吃惊的是,一旦冷静下来,爸爸告诉他:"谢谢你告诉我这件事。实际上这说明我可以信任你。现在让我们一起来处理这个问题吧。"和爸爸交谈后,约瑟夫意识到自己太关注新团队而忽视了原来的一大群朋友们——他们一直欣赏自己、不强迫自己做那些让自己感觉不舒服的事情。接下来的一周里,他向自己的老朋友们道歉,请求他们再给自己一次机会。他也决定继续与一些新朋友们聊天,甚至有时与他们一起开怀大笑,但是他避免为了适应新团队而做那些自己感觉不合适的事情。约瑟夫现在找到了一种使自己的跷跷板平衡的方式!

你认为约瑟夫处理这种情况的方式如何?

是否有类似的事情发生在你身上?

如果有,你是怎么做的?

单独和孤独

单独和孤独可不一样!如果你一个人在卧室里,可能你会感到孤独，希望自己能和别人在一起。然而，你也可能会为自己拥有的单独时间感到高兴，因为你可以一个人静静地度过。有些青少年可能会认为拥有单独时间的想法是不正常的，但也有很多青少年喜欢拥有在自己房间里度过的机会或者做自己的事情的单独时间！事实上，拥有单独时间是非常重要的，它能让你有条件慢慢地调整自己，放松和专注于自己的兴趣、爱好和目标。

很多青少年忙于脸书、照片分享、发短信、视频聊天或网络电话，即使他们是一个人在房间里，也并不是真正意义的单独一人。所以，拔掉电源线，和自己待一会儿。试着独自做家庭作业、读书、听音乐、绘画、写日志，或者做其他一些自己感到放松而享受的事情，不涉及别人。如果你过去没这样做过，现在刚开始这样做可能会感觉不舒服，但是过了一段时间之后，你就会发现变得容易些了。

另一方面，有些被朋友们围着的孩子，仍然会觉得孤独。如果发生在你身上，考虑一下你是否是因为自己的感觉与朋友们不一样而感到孤独。是当你想要严肃时他们在大笑？还是在他们严肃时，你却想要开个玩笑？

> 很多青少年喜欢拥有在自己房间里度过的机会或者做自己的事情的单独时间。

感觉自己与众不同或者独一无二，有时能产生自信和骄傲的心理，有时则能产生孤独的感觉。如果你能在自己与众不同时的感受和与朋友在一起时的感受这二者之间找到很好的平衡，那么偶尔的差异就不会让你产生孤独的感觉。如果你在团队中经常感到孤独，你知道原因是什么吗？你是否和别人有相同的地方？如果没有，你是否拥有一些经常联系并且不会感到孤独的朋友？

有些青少年发现，无论身处何地、与谁在一起、做什么事情，他们都会感到孤独。如果这些描述了你的情况，你是否会经常感到情绪低落？如果你不喜欢周围的活动和朋友，那么请大声说出来，告诉成年人你的感觉。虽然青少年时期是令人困惑的，但你也不想在这段时期经常感到悲伤或焦虑吧。也许是时候与一位专业人士交流了，也许他研究过很多青少年的案例，能够为你提供一些专业的建议。

青少年的专属时刻：贝拉的故事

贝拉在和朋友们一起玩耍时感到很快乐。但是，有一天她感到了孤独，因为朋友们都在兴奋地讨论一部电影，而贝拉觉得那部电影很糟糕，而且告诉了朋友们。朋友们向贝拉解释了为什么他们喜欢那部电影，并且继续讨论电影。贝拉慢慢地离开了朋友们，后来她告诉妈妈："他们根本不关心我，仅仅是因为我对那部电影有不同的看法。我感到被忽视了。"贝拉的妈妈说："你爸爸和我有时也有不同的观点，但是因为我们能够彼此倾听，所以我们并不感到孤独。你的朋友们看上去也听了你的想法，但是你却走开了。"

你能理解贝拉为什么感到孤独吗？

在你身上是否发生过类似的事情？

如果发生过，你是怎么做的？

为了继续讨论电影和保持与朋友们的关系，贝拉应该怎么做？

青少年
注意事项

- 友谊会发生变化，有时永久存在，但有时也会改变。
- 找到能与你分享共同兴趣的团队，确保团队中的朋友们喜欢和欣赏你。
- 如果你想拥有单独的时间，这并不奇怪，你没必要感到孤独。

在本章中，你读到如何处理变化的友谊以及适应朋友们的方法。但是如果你的社交生活存在问题，你应该怎么办？在下一章中，你将有机会读到如何处理社交生活中的一些问题，比如伤心、嘲笑、欺凌和别的无趣（甚至痛苦）的经历。

第八章

社交生活中的主要问题

有些青少年喜欢他们的社交生活，但是同时，复杂的社交情形也发生在很多青少年身上。在你的社交生活中，是否遇到过谣言、闲话、谎言、嘲笑甚至欺凌？

花些时间阅读一下下面的内容，这些是否描述了你做过的事情或想法？

- ☐ 如果我感到被朋友们伤害了，我会与他们交流。

- ☐ 我有一些处理被熟人嘲笑的方法。

- ☐ 我不会因为有人告诉我别人说的话而武断地做出结论。

- ☐ 我信任父母并且能向他们请求帮助和支持。

- ☐ 我知道如何处理欺凌。

- ☐ 我有一些处理同龄人压力的方法。

- ☐ 我知道在网络上如何保证自己的安全。

在本章中，你会学到一些处理社会冲突和有关不公正对待的应对方法。如果你发现自己错误地对待过别人，比如嘲笑或者说闲话，那么你将有机会考虑这些内容，并且学会通过改变自己的行为而使别人不受到伤害。

谎话、谣言和嘲笑

你是否说过谎话？你是否说过闲话或谣言？你是否嘲笑过朋友？你是否为了不让某人伤心而故意说谎？事实是，我们不能总是轻易地知道谎话、闲话或嘲笑是否会对一个人造成伤害。有时，在某种情形下的嘲笑或谎话是有趣或无害的，但是在其他时候，一个人可能会因为被骗、说谎或者受到嘲笑而烦恼。事实上，一段友谊也会因为有人对谎话、谣言或嘲笑感到非常伤心而终结。

> 朋友们应该是支持、鼓励你，并且是会让你感到舒服的。

朋友们应该是支持、鼓励你，并且是会让你感到舒服的，这是一般情况下朋友们的做法。但是正如兄弟姐妹一样，有时也并不如此。当朋友们（或兄弟姐妹）在一起久了，也会产生不一致甚至猜疑的想法。有时，朋友们会相互嘲笑以致伤害彼此的感情。

有时，朋友们可能不会意识到他们伤害了另一个朋友，这种情况比故意伤害更经常发生。例如，如果你想和朋友在每天晚上通过网络电话聊天，而你的朋友却认为这不重要，那么你可能就会因为朋友没

> 有时，朋友们可能不会意识到他们伤害了另一个朋友。

与你联系而感到受到伤害。朋友之间的相互伤害有很多理由。科林对他的朋友艾里克斯撒谎说自己没有被邀请参加聚会，因为科林不想让艾里克斯知道：艾里克斯是唯一没被邀请参加聚会的人。在这种情况下，科林觉得自己实际上是在通过说谎来保护艾里克斯。

以下是有些青少年对当时说谎、嘲笑别人或者传播谣言做出的解释理由。

- 为了与团队保持一致。
- 为了特定的声誉。例如，玛雅撒谎说："我在暑期夏令营时与一个男孩约会了。"所以，她的朋友们会认为她很厉害。
- 为了让朋友们高看自己。例如，杰克告诉朋友们："我自己一个人制作的这个机器人。"而没有承认他的父亲和姐姐帮助他了。
- 为了证明自己受欢迎。通过分享别人的信息来显示自己知道很多人的事情。

如果一个朋友频繁地通过嘲笑、传播谣言或者说谎来伤害你，你就要考虑他是一个好朋友，还是一个你偶尔想和他一起外出玩耍的人。如果这个人是一个好朋友，与他进行交流也许对你有帮助。但是，如果这个人仅仅是一个你偶尔想和他一起外出玩耍的人，而且也不真的信任他，也许这就是中断友谊的时候了。重要的是，你没必要处在一个不信任的关系之中。

如果谣言或谎话是针对你的，那么你要始终坚信自己不应该受到责备。也许是你的朋友嫉妒你的数学成绩，决定散布一些关于你不真实的事情而没有考虑你们的友谊。当朋友说谎、传播谣言、泄露秘密或者发生嘲笑时，青少年会感到非常孤单、害怕、尴尬、困惑。如果这曾经在你身上发生过，你可能会想回到过去的年少时期，因为那时生活看起来简单得多。但是，与其逃离自己的青春期，不如试着确定发生了什么和应该怎样做，这对你是有帮助的。

是否有朋友告诉过你其他人说了你什么？这被称为"信使游戏"。即使你的朋友直接把信息传递给你，他也可能误解隐含的意思或者说话的原因。例如，科瑞听到达尔文说，利亚姆觉得科瑞在踢足球时总是像猪一样拱球。科瑞很生气，也感到伤心。他告诉达尔文："如果利亚姆的踢球水平能高点，也许我就不用'拱球'了。告诉他，如果他觉得我水平不高的话，那么我觉得他就应该离开球队。"

> 如果谣言或谎话是针对你的，那么你要始终坚信自己不应该受到责备。

猜猜怎么样？达尔文到利亚姆那里说："科瑞想让你知道，他觉得你是赖在球队不走，所以，他需要更加努力地踢球才能代替你。"你觉得下面会发生什么事？在科瑞和利亚姆最后讨论这个问题之前，他们之间彼此生气几乎持续了一个星期。达尔文以为他在帮助别人，但最终却把情况搞复杂了。

第八章 社交生活中的主要问题

如果你曾经从别人那里听到了什么，记住，这就像电话游戏——听到的和重复的并不能准确地表达原来所说的话和意思！

如果一个朋友开始说谎、传谣或者泄露你的秘密，你可能不知道该做些什么以及跟谁去说这件事。下面是一些对别的孩子有帮助的方法，可能对你也会有用：

- 确定伤害你的事情是从什么时候开始发生的，以及为什么事情会发展成这样。这会帮助你明白发生了什么事情。
- 如果一个朋友开始做出伤害你的事情，考虑一下你的朋友是否开始厌烦你。当你和朋友单独在一起时——没有其他人在场——询问一下朋友，自己是否不经意间伤害过他。
- 如果你和朋友进行交流，请尽量使用"我"的句式，比如用"我感觉"，而不是使用"你"的句式或者公开指责，比如"为什么你的行为这么古怪？"
- 当你感觉到别人在悄声说你时，请牢记于心：他们可能在说一些根本与你无关的事情。如果与你有关，礼貌地要求他们不要在你面前说。
- 保持一颗开放的心。武断地做出结论会导致错误的传达。如果你信任你的朋友们，就要相信他们的话，除非你有理由认为他们不再值得信任。
- 记住：任何人都不该受到嘲笑或其他不公正的待遇——当然包括你自己！

如果一个朋友嘲笑你或者传播关于你的谣言，这些方法能够帮助你。但是，如果是你不熟悉的孩子们嘲笑你、传播关于你的谣言或者说关于你的谎话，你该怎么办？

他们可能是故意要伤害你，也可能是仅仅开个玩笑。无论怎样，这都深深地伤害到了你，你可能会想哭或者想大喊大叫，这看上去太不公平了！如果你觉得自己被一个熟人嘲笑了，下面是一些提示：

- 如果你觉得这个孩子平时是一个好人，就不要再去嘲笑他，而是说："你看上去是一个好孩子，为什么要嘲笑我？"
- 站出来维护自己而不是再去嘲笑他人，说："安静！那没什么！"或者"哇，你们一定都非常注意我了！"
- 和那些让自己感觉舒服的朋友们在一起——相比独自一人，团队里的孩子更不容易被嘲笑。
- 如果嘲笑不严重，就微笑着走开。

如果你不得不应对谣言、谎话、闲言碎语，你可能会感到伤心并且有压力。这时候，向自己信任的成年人说出自己的感觉是有帮助的。

有些青少年害怕与自己的父母交流，因为他们不想让自己的父母给对方的父母或当事人打电话。如果是这样的话，那么让你的父母知道，你是在向他们寻求你应该怎样做的建议，而不是让他们替你解决问题。有些成年人也能帮助你，比如学校辅导员、老师或者心理辅导员。

记住这些行为会给别人带来多少伤害，会对你有帮助。不造谣、不传谣、不说谎、不嘲笑，能减少自己对别人的伤害。如果你发现自己在嘲笑别人：

- 意识到自己嘲笑别人后的第一步是：停止这种行为。
- 自问一下："如果别人这样对我，我会有什么感觉？"但是请记住：即使你不会因此而感到受伤害，也许别人会。
- 自问一下："我真的想要伤害这个人吗？"如果答案是肯定的，问问自己"为什么？"；如果答案是否定的，问问自己为什么要这样做。
- 试着对那个人说一些不伤害他的事情，但也不要让自己感觉不舒服。

记住：话一旦说出口就收不回来。你的声誉是建立在自己的言行之上，花些时间考虑一下你是否对别人进行过嘲笑或者伤害，这对别人如何看待你有什么影响。

欺凌和旁观

欺凌是一个严重的问题。没有人会想要或理应受到欺凌！欺凌与嘲笑有什么不同？欺凌的一个特点是力量的不同。相比实施欺凌者而言，被欺凌者通常是力量小的——或者身体方面或者社交方面。而且，欺凌的行为总是重复一段时期，对被欺凌者的伤害很深甚至很严重。

欺凌分很多种，包括身体攻击，重复的、消极的、侮辱性的言论，戏弄或者排斥。欺凌可以发生在现实中，甚至在网络上。如果你仍然不确定什么是欺凌，那么请将别人的行为想象为一个连续体：一端是朋友们的支持行为，不远处是朋友们之间没有恶意的嘲笑，实际上也不会伤害朋友们之间的感情；接下来是嘲笑、闲言碎语或者伤害到别人的谣言；最远端则是让你确实感到不舒服或恐惧的行为。欺凌就是这个连续体的严重的一端。

为什么有些青少年要欺凌别人？有些青少年欺凌别人，但是一旦被指出来他们就会停止，因为他们只是从来没想过被欺凌的人的感觉。有些青少年这样做，是因为这样能被特定团队的朋友们接受。有些青少年欺凌别人，是为了表现出他们的强大和信心，以及有很多朋友的支持（这些朋友看到欺凌发生时会大笑）。还有一些青少年欺凌别人，可能是因为自己个人生活的一些情况而生气，可能是有欺凌别人的朋友，可能是将别人想得很坏，或者其他原因。

这很难去说，但是如果你正在被欺凌，重要的是要告诉一位成年人正在发生的事情，以便成年人可以密切关注。当你和欺凌你的人在一起时，学校的相关人员可能会首先加强监督，比如在课堂上或者午饭时；也可能会与欺凌你的那个人以及他的父母谈话。

青少年的专属时刻：亚伦的故事

亚伦正在被赖安欺凌。无论何时，只要赖安在走廊里看见亚伦，他都会给亚伦一拳或者推亚伦一下，还用侮辱性的名字叫亚伦，别的孩子开始大笑。起初，亚伦告诉父母他生病了，这样就可以不去学校。他还试着告诉赖安不要这样做，试图请求朋友们的帮助，但朋友们都表示不愿意介入，害怕赖安会欺凌他们。

亚伦最后和父母说了赖安欺凌自己的事情。开始，亚伦的父母想给赖安的父母打电话，但是，亚伦让父母不要这样做。第二天早上，亚伦和父母去见校长，咨询一下学校管理者的建议。校长之前不知道欺凌的事，他很乐意了解并且帮助亚伦，他调取并回放了学校的摄像头录像，看到了几次赖安推搡亚伦的镜头。然后，校长让赖安和他的父母到学校办公室见面。亚伦并没有因为告诉别人自己受欺凌而受到责备。如果这还不起作用，亚伦知道校长还有其他办法。他也知道朋友们现在愿意帮他说话了，正如一个团队一样，让赖安"住手！"另外，亚伦了解到，如果他受到了严重的威胁，他的父母会让他从附近的警察那里得到保护。

你觉得亚伦这样处理情况怎么样？

是否有类似的事情发生在你或者你认识的人身上？

如果你被欺凌了，下面是一些需要做的事情：

- 提醒自己：没有人应该受到欺凌。无论如何，这不是你的错。
- 看着欺凌你的人，告诉他住手！（如果你确保这样做很安全的话。）
- 如果你觉得大声地告诉欺凌你的人很难或者感到不安全，那就走开并向信任的成年人求助。

- 不要回击。
- 和一大群朋友或者信任的成年人在一起。欺凌大多数发生在独自一人时。
- 让欺凌你的人知道,你认为他的行为无趣或不好。但是,只有在那个人不是对你进行身体攻击或危险动作时,才能这样做。
- 和自己信任的成年人交谈,欺凌并不是隐私的事情。让成年人知道发生了什么,他们能够帮助解决问题。即使你不想让父母担心,但是欺凌是很严重的行为,一定要告诉父母。

如果旁观者——不是直接的欺凌对象但却知道欺凌行为或者目睹了欺凌事件的人——表明态度的话,欺凌经常会停止。当欺凌发生时,一些旁观者可能通过大笑而不自觉地鼓励着欺凌行为的发生。这不仅允许欺凌行为的继续发生,还可能导致实施欺凌的人认为自己得到了支持,认为欺凌是可以的,因为没有人来阻止这种行为。

现在,你的挑战来了,你能做一个正直的旁观者吗?如果目睹了欺凌行为,你能做些什么?下面是一些提示:

- 当有人正在欺凌别人时,不要做观众、不要鼓励他的行为或者大笑。
- 试着说:"住手!""冷静!"

- 帮助被欺凌的人离开。你可以这样说:"喂,你现在不是应该去艺术俱乐部吗?"或者"我到处找你,快点吧,我们马上就要迟到了,还得交课题作业呢。"
- 如果你和实施欺凌的人是朋友,你也许能和他们进行诚恳的对话,让他们知道这些行为让你感觉不舒服,希望他们住手。
- 和被欺凌的人做朋友。你可以邀请他在放学后和你一起走或者和你一起吃午饭。你们一起外出玩耍,让他知道你关心他,不同意有人欺凌他。而且,他在团队中被欺凌的可能性也会比较小。
- 大声说出来。作为个人或者团队中的一分子,你可以向学校的工作人员或父母汇报发生的事情。欺凌是非常严重的行为,有时需要成年人介入处理。

有些孩子在欺凌别人之后,最终会发生改变而不再伤害别人,甚至有些孩子在青少年时期才意识到他们不想伤害其他人。

无论如何,不要等待时间流逝,寄希望于欺凌会自动停止。现在就向别人求助来结束这种行为,保证你和别人都是安全的——就是现在!

同龄人的压力

你是否感到朋友们以特定的方式行动、冒险或者分享观点的压力?

同龄人的压力会让一些青少年感到紧张，因为他们对朋友们做的事情或朋友们让他们做的事情感觉不舒服。

你知道同龄人的压力有时也是有帮助的吗？有时，朋友们可能会给另一个朋友施加压力去冒险，比如尝试校园歌舞或者参加学校田径队。有时，朋友们能促使你在校园活动中做出最大的努力，帮助你看到做一些事情的益处。总之，有时屈服于这类同龄人的压力会是一个不错的选择。

有些种类的同龄人压力就不会如此有帮助了，可能还会让你有麻烦。当朋友们给你施加压力，让你去做一些你感觉不安全或者违反你的价值观的事情，比如考试作弊、传播谣言。

> 同龄人的压力有时也是有帮助的。

你知道一名青少年越想得到朋友们的肯定，就会越难处理这种情况吗？

家庭规则

很多父母对青少年的行为都有规则要求。例如，一些孩子未经父母的允许，不能观看13岁以上才能看的电影，或者必须经过父母的同意才能到回家路线以外的地方玩耍。虽然父母想尽办法来保证孩子的安全，但有时家庭规则也会产生冲突。

很多青少年追求自由，想要自己做决定，但父母经常为允许他们独立的程度设置一些边界或要求。

第八章 社交生活中的主要问题

父母通常知道同龄人的压力以及青少年可能面临的没有做好准备或违反家庭规则的情况。严格的家庭规则能够帮助一名青少年处理好来自朋友们或其他团队中同龄人的压力。

青少年的专属时刻：纳迪的故事

在纳迪12岁时，她的朋友们开始聚会，在那里可以喝啤酒，相互挑战进行不健康的冒险行为。

纳迪和父亲说了这些事。她说："我想告诉您一些事情。我的朋友们都在尝试做一些不健康的事情，我不想这样做，但也不想失去朋友们，我不想让别人认为我是个失败者。我该怎么办？"

纳迪的父亲告诉她："试试这个窍门，当我像你这么大时，它很有效——责怪你的妈妈和我。告诉你的朋友们，我们是让你烦恼的父母，我们只允许你参加有我们在场的、在家里举行的聚会。"

你觉得纳迪用家庭规则来应对同龄人的压力怎么样？

这对你有帮助吗？

社交媒体

社交媒体是一种与别人保持联系的重要途径。青少年通过照片分享、微博等来与朋友们保持联系。有些青少年会使用互联网搜索团队项目、做家庭作业，通过电子邮件向老师提问或上交家庭作业，或者仅仅是上网娱乐。

但是应用这些技术也是有风险的。你想知道为什么有很多成年人关注你使用互联网等社交媒体吗？

父母会担心有成年人假装成一个小孩，甚至你的一个朋友，而对你造成潜在的不利。

父母也担心你的声誉以及你如何在公众面前展示你自己（记住：网上的一切永远都不是真正的隐私）。

如果你发出一些关于自己或别人的消息——你们的对话、视频、图片等，这些消息能够分享或发送给任何人，甚至可能是你根本不希望分享的人，一旦显示"已送达"，那么你将对它们失去控制。

而且，你会不经意间伤害到一些你不想伤害的人的感情。

可能你会给朋友们发送一条讽刺的或者愚蠢的评论，但因为他们不会听到你的语调，可能会误解你。

> 如果你发出一些关于自己或别人的消息，一旦显示"已送达"，那么你将对它们失去控制。

避免发送一些会让你尴尬、有麻烦、伤害别人感情或者不合适的图片或视频。

在没有得到朋友们的允许，不要通过电子邮件发送他们的照片，而且也请求他们在发送你的照片或视频之前询问你。你永远也不会知道它们会被谁看到或者被传送给谁。

如果你不想让父母、老师或者校长看到你的照片或视频，请不要发送它们。

同样，避免发送那些你不会在成年人面前说的短信——记住：你的信息会发送到你不认识的人那里。

当你进入大学时，你不希望管理人员看到一张尴尬或不合适的照片、读到你粗鲁或愚蠢的评论吧？

最后，在网络上欺凌别人叫作网络欺凌。正如面对面的欺凌一样，它也具有攻击性和伤害性。一些青少年发现：通过网络或者发信息，当他们看不到伤害者的反应或看不到对方时，容易去侮辱或伤害别人。

除了不要向周围发送非常隐私的信息，不要通过电子邮件发送尴尬的照片或评论，不要传播不准确的消息以外，还有很重要的，比如不要和其他青少年或成年人在网上分享密码、真实姓名、地址、电话号码、学校的名字或者其他身份信息。你永远都不知道谁真正在获取信息。

同时，永远不要发送显示父母不在家或自己在度假的短信或邮件。因为你不知道谁有可能看到你的邮件，所以不要公开分享这样的信息，这关系到你的安全。

青少年
注意事项

- 欺凌（包括网络欺凌）永远都不对！
- 做一个正直的旁观者——你能发挥作用！
- 如果一个朋友伤害了你，慢慢来，然后说出来。

在本章中，你阅读到一些处理朋友们的谎话、嘲笑和谣言的方法。记住：你有能力通过不去嘲笑或者不传播谣言和谎话来保护朋友们。关于严重的欺凌和解决方法也讲到了。使用社交媒体的安全提示也回顾了。在下一章中，你将会读到帮你处理功课的提示。现在，随着你进入更高的年级，周围人对你的期望可能会发生改变。

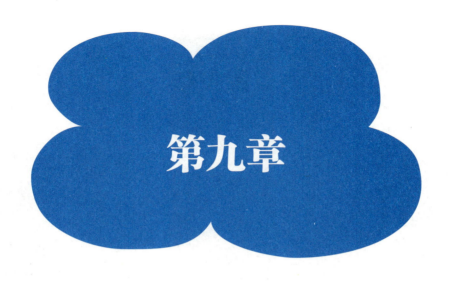

第九章

青少年在学业上的变化

在你学会基础数学、单词拼写和阅读的知识后,老师对你的期望可能会发生改变。虽然这些知识仍然很重要,但现在老师可能开始希望你能够围绕课堂上讨论的主题写作文,以了解到你可以准确地表达出段落文字了。

花些时间阅读以下内容，这些是否描述了你？

☐ 我知道怎样将自己的想法转变成文字以及能够从其他地方获得引言、观点。

☐ 我有一些有效的组织方法来安排作业。

☐ 我知道自己的最佳学习环境。

☐ 我知道怎样安排功课的优先顺序，所以我能在截止日期前完成作业。

☐ 我能确定自己的时间表，包括学习和休息的时间。

现在，对学习和家庭作业的期望都会发生变化。老师和父母会经常鼓励你更加自主地完成作业，希望你在课堂上记笔记、为课题选择主题或者为独立阅读选择书目。学习和作业也成为你的责任。

本章将教你一些处理老师对你发生期望变化的方法。你将会学到有效的组织方法，找到自己学习和做作业的最佳场所。此外，你也会了解到在你离开学校后能够对你一生都有帮助的学习方法。

更多的作业和责任

还记得以前吗？在你三年级时，老师让你完成一道数学题，或者写三个词语并用它们各造一个句子，很直接，是吧？但是，现在你可能需要去做科学研究项目，制作幻灯片演示文稿，在外语课上记录小品的对话内容，甚至写一篇生活在古希腊（或者在你学习中的其他历史时期）的随笔。这些作业比以前更有趣味和乐趣，但同时也占用你更多的思想和时间。

现在你可能有更多的老师和作业了，老师们可能会在同一天给你布置作业，你还要考虑长期的项目测验和考试。你的社交生活也可能开始忙于各种活动，你可能忙着上音乐课、参加运动或课余爱好。你的生活比以前更忙了！有时，这会让你感到不知所措、受挫和烦恼，甚至让你感到担心。你可能希望回到幼儿园，那时你不需要面对这么多的责任。但是，你也能够做一些事情来帮助你应对这些，从而减轻很多压力：优先安排你的作业和活动，制订时间表，将自己所有的作业组织起来。

青少年的专属时刻：朱莉娅的故事

朱莉娅在六年级的课上学了关于埃及文明的内容。她的作业是创作一个关于埃及国王坟墓的幻灯片，并在班上演示。

朱莉娅通过书写和阅读来准备这个项目。她将注意力放在书写内容上，确保自己的准备有序进行。同时，她也需要通过阅读大量的图书和检索很多网站来研究坟墓。朱莉娅将项目分解成可控的步骤、制作时间表，所以她能将需要做的一切事情都准备好。她的学校作业现在变得不一样了，所以她需要独立而详细地了解很多事情。

朱莉娅承认："过去我在学校做作业和学习之前经常感觉有点儿烦。现在，我已经适应通过上网去搜索关于主题的更多信息了。我也更加喜欢学习，当我感兴趣时，我会花更多时间，尽管有时我不喜欢家庭作业占太多的时间。"

你觉得为项目制作一个时间表是个好主意吗？

你是否和朱莉娅一样有共同的感觉？

这个方案对你有帮助吗？

在截止日期前优先安排

为保证每天的家庭作业和各种项目能够完成,你要学会优先安排工作。一种方法是在截止日期之前完成。当有很多家庭作业时,确定什么是现在需要做的,什么是马上需要完成的,以及什么是可以晚些时候完成的。例如,如果你的数学作业需要明天交、社会学作业是三天后交,那么数学作业是最优先的,你应该先做数学作业。完成数学作业之后,如果社会学作业多的话,你也可以先做一些。这样的话,你就不会在上交作业的前一晚,为完成全部的作业感到压力很大。

听起来这个建议很简单——先做需要很快上交的作业。

但是有时候,青少年对作业安排的优先顺序是不一样的。你是否倾向于先完成简单的作业或者专注于自己喜欢的学习和作业,而不是需要第一时间上交的作业?如果是的话,并非只有你这样。但是,如果你将时间用在优先安排自己喜欢的事情上,你可能会因此没有时间做自己不喜欢的作业而无法在截止时间之前上交。确保所有事情按时完成的方法是:要按照事情规定的时间先后顺序进行。

根据重要性优先安排

有时,你可能有两项或三项需要在同一天上交的作业,或者你可能有其他活动需要占用时间。如果是这样,确定一下现在对你来说什么是最重要的。

例如,假设你的朋友们要在周末准备一个通宵聚会,但是你在周一上午有一个大型的科学期末考试。考试没法补考,因为期末考试只有一次；而通宵聚会只要在你的计划中和父母允许的情况下随时可以参加。你想去参加通宵聚会，但是如果你去了，你还会有时间为科学期末考试做准备吗？如果你在考试中得了低分，你会后悔去参加通宵聚会吗？有没有两者兼顾的方法？

> 为保证每天的家庭作业和各种项目能够完成，你要学会优先安排工作。

这很难处理，因为有时重要的事情通常不是你最想做的。如果你感到自己对首先需要做的事情难以做出决定，那么和父母、老师交流一下，这对你如何优先安排工作的顺序会有帮助。

下面是一些能够帮助你更好地完成家庭作业和考试并且需要你牢记于心的提示：

- 优先安排你的工作，保证在截止日期前完成作业和学习任务。
- 确定现在对你而言什么是最重要的。是参加聚会，还是学习？是努力为下个月上交的科学项目做准备，还是完成明天上交的作文？
- 如果你在同一天有两场考试，请在接下来的几天里为每场考试都安排学习时间，这样，你不仅有时间为两场考试做准备，而且你的大脑也不会因为要在短时间内记住太多而负担过重。
- 和朋友们交流，看看他们是怎样安排完成所有的家庭作业时间的。

第九章 青少年在学业上的变化

> ▼ 如果你真的感到不知无措，可以询问老师是否有别的办法在其他时间参加考试或者完成作业。要提前问清楚作业上交的时间，因为这是特殊情况，这样以后你就不用再询问这个延长时间了。

如果你不能确定自己是否准备好考试、是否能完成作业，不要回避。也许你会想到一个"好办法"：当考试来临或者需要上交作业时，你找到一个躲在家里、不去学校的借口。这时，记得提醒自己：待在家里可能会感觉很好，但是第二天事情不会变好。你的功课会落下，而且你仍然需要参加考试或者上交作业。

有序安排

随着青少年的生活变得忙起来，也许你能记住每天或每周的活动（比如足球练习、音乐课、家庭计划），每天晚上做相应的事情；也许你也能记住每天晚上需要做的家庭作业。但是，你仍然需要在笔记本或计划书上记录下需要做的作业和课后活动。虽然你能记住很多信息，但要记住每天的家庭作业和短期项目还是有难度的。将你的课后活动、家庭计划或责任全部记下来，以防会偶尔忘记一些事情。

在每节课结束之前，花些时间确保自己记下了本节课的作业或即将到来的考试日期。将自己所有的家庭作业和考试日期记下来，能帮助你有序地安排工作。你需要这样一个计划书来记录家庭作业的上交日期和每门功课的考试日期，所以将计划书放在书包中一个单独的位置，以便在每节课结束之前都能准确地进行记录。

如果有一天你把计划书忘在家里，怎么办？如果发生这种情况，将这一天的所有作业和考试日期在单独的一张纸上记下来，放到平时存放计划书的地方。在回到家时，再将这些信息记录到自己的计划书中。

可能你也需要一种方法来记住长期项目或者那些不必每周都需要做的项目。一份计划书也能帮到你！如果你有一个大的研究项目需要在一定时间内上交，你会怎么做？可能你会把这个大项目分解成十个小任务，然后决定完成每个小任务所需要的时间。你可以将这些步骤写进自己的计划书里，这样你就会在平时做家庭作业时也记得完成这些小任务。而且，在每周一（或者你喜欢的任一天，但一周一次），写一下项目结束的提示，这样你就能记得完成作业的目标时间。

也许你不习惯使用日历，但当你发现你能在截止日期之前将长期项目和短期项目都按时完成时，你会感到压力没那么大了。你可以使用一张一天、一张一周或者一张一个月的日历。

制订时间表

如果有很多工作，你可以试着写一张自己计划在特定时间段内具体做哪些事情的时间表。你可能会惊讶于自己有这么多的时间用于工作而不是休息或其他事项。这能帮助你看到自己想做的一切事情都列在一个地方，能帮助你有计划地工作、调整自己的节奏以及全部完成工作！一旦你制订出自己的时间表，你就能看到是否有必要做一些改变。

贝卡的时间表：3月2—8日

	星期日	星期一	星期二	星期三	星期四	星期五	星期六
上午7:30—下午4:00	9:00—9:30做科学项目 9:30—10:30做学生会演讲	在学校以及出行的时间	在学校以及出行的时间	在学校以及出行的时间	在学校以及出行的时间	在学校以及出行的时间	9:00—11:00踢足球
下午4:00—5:00	休息	踢足球	参加天文学俱乐部	踢足球	踢足球	和朋友在一起的时间	休息
下午5:00—5:30	杂事	休息	休息	休息	休息	和朋友在一起的时间	休息
下午5:30—6:30	休息	做科学项目和数学试卷	做数学试卷和备考社会学考试	做数学试卷和备考社会学考试	做数学试卷和备考社会学考试	和朋友在一起的时间	休息
下午6:30—7:00	休息和晚饭时间	晚饭和家庭聚会时间	晚饭和家庭聚会时间	晚饭和家庭聚会时间	晚饭和家庭聚会时间	晚饭和家庭聚会时间	休息和晚饭时间
晚上7:00—8:00	休息	上音乐课	休息	休息	观看安吉的篮球赛	休息	和朋友在一起的时间或者休息
晚上8:00—9:00	休息	记单词	记单词	温习单词	休息	休息	和朋友在一起的时间或者休息
晚上9:00—9:30	休息	休息	和父母一起练习演讲	如果需要，修改演讲	休息	休息	练习学生会演讲
晚上10:00—10:30	阅读时间，然后睡觉	阅读时间，然后睡觉	阅读时间，然后睡觉	阅读时间，然后睡觉	阅读时间，然后睡觉	休息	休息

让我们来看一下贝卡制订的三月份第二周的时间表。首先,她列出踢足球、参加天文学俱乐部、家庭聚会和上音乐课的时间;然后将自己需要或想要在第二周做的事情插入时间表中,比如记单词、做科学项目(一个月之内完成),观看妹妹安吉的篮球赛,为星期五的社会学考试做准备;最后,找时间休息或者与朋友们在一起。

贝卡的时间表看起来很忙,是吗?在贝卡第一次做时间表时,她忘记了安排休息的时间,也没有考虑家庭作业中每一部分可能占用的时间。而你现在看到的时间表,贝卡已经安排了休息的时间,并尽量将每部分作业完成的时间具体化。

花些时间去制作自己的时间表,能帮助自己清楚地看到需要完成的任务和每件任务需要完成的时间。如果你有家务时间,记得也要加进去。接下来,加上你喜欢做的事情和活动的时间、家庭时间以及与朋友们在一起的时间。

这些用来组织和安排项目时间的工具、方法能够有效地起到作用,可能这会占用你的一些时间或者你需要通过不断试错来找到适合自己的组织方法,但是这值得你努力去做。如果你遇到问题而不知道如何处理,就大胆地向你的父母、老师或哥哥姐姐请教有效的学习方法和组织技巧。

能否走捷径?

选择简单快速的方法来实现目标并不总是一件坏事情。想象一下,如果你们全家要驾车去一个度假区,你的姑姑告诉你们一条更短更快到达目的地的路线。采取这条路线，是否有副作用呢？可能没有，除非那条更长的路线有更好的风景或者路过一个你想去的餐馆。

但是，为了完成作业而走捷径就会有一些严重的后果，即便这能节省宝贵的时间。如果你抄写朋友的数学作业，朋友抄写你的社会学作业，会怎么样呢？这种走捷径的后果是什么？问题一，老师怀疑并指责你和你的朋友没有做作业，还试图蒙混过关，你们谁希望这样做？问题二，你失去了一次关于此次作业中涉及相关内容的某场考试的练习或准备。问题三，你在课堂上会感到更加困惑，甚至为自己做的事情感到羞愧。如果你决定不再抄写数学作业，而朋友继续索要你的社会学作业，那么你和朋友之间可能会产生一些冲突。

另一个能产生严重后果的捷径是抄袭。你的老师可能已经讲过不要在考试中抄袭，不要从书中或网上抄袭。抄袭的基本意思是你将别人的言语占为己有。利塞特说："我没时间为英语课看书了，所以我就抄了一种自己读到的观点。我真后悔那样做，我惹了大麻烦，我当时没想到事情这么大。现在我明白很多了！"

> 抄袭的基本意思是你将别人的言语占为己有。

有时，你并非想走捷径，但很难知道如何将别人的想法转换成自己的言语。让我们花些时间来讨论一下这个问题，这样你就不会在不经意间陷入抄袭的麻烦。杰弗瑞认为他正在读的关于亚伯拉罕·林肯的书的作者描写得非常好。杰弗瑞说："作者看上去是个专家，所以我想用他的言语。我以为这样没问题，我只用了两句话，但老师说我在抄袭。我真的不是想去欺骗。"

杰弗瑞的老师问他是否使用了注释（在页码的底部或者论文的后面，用来标注作者的姓名以及从什么地方引用），这样，他就不会被认为是抄袭。通常的规则是：

- 完全复制的词语应该用引号引起来，而且应该提到是谁说的和从哪里引用来的。
- 如果在你论文中的句子与你在某个地方看到的一样，也应该加注释，这样读者就知道这个观点和语句的来源是另一个地方。
- 如果你将别人的言语或具体的观点作为自己的言语或观点，那么就会被认为是抄袭。

如果你不确定是否应该引用或加注释，那么就在上交论文前与老师进行核对。主动学习和求得问题的答案是一种很好的学习方法。作为一名青少年，你可能需要做比过去更多的工作，知道这一点对你现在和未来的工作很重要。

无论何时，当你想走捷径时，先考虑一下后果——包括外在的和内在的。外在的后果是指发生在你身上的，比如老师给你的论文一个低分或者父母罚你不准出去玩；内在的后果是指你自身内部发生的，比如你会感到内疚或者失去一次学习的机会。如果你真的没有时间来完成项目或者为考试做准备，试着和老师、父母讨论管理时间的问题。还记得贝

> 无论何时，当你想走捷径时，先考虑一下后果。

第九章 青少年在学业上的变化

卡制订的时间表吗?她在即将到来的一周十分忙碌而没有时间为地理考试做准备,在她和父母讨论了时间表之后,一起提出了解决方法:忽略这周的音乐课、减少一个晚上的阅读时间。安排时间很奇妙,你可以试着将自己生活中的各部分都安排到一周里。如果遇到了问题,你要灵活处理,知道寻求帮助,而不要去走那些可能给自己带来伤害的捷径。

找到最佳的学习环境

在对工作进行优先安排和制订时间表之后,青少年就要考虑学习的场所和方式了。作为一名青少年,你已经更加独立了,对学习的地点和方式可能已经有了一些选择。考虑一下是自己一个人学习还是与朋友们一起学习(通常被称为学习小组),哪种方式自己能更好地备考?当你一个人学习时,是否经常走神?是否会因为短信息和照片分享而分心?当你在学习小组学习时,是否会专注于社交而不是作业?花些时间考虑一下,也许有些功课需要你一个人学习,有些功课需要你在学习小组学习。

> 花些时间考虑一下自己的最佳学习环境。

花些时间考虑一下自己的最佳学习环境。当你坐在卧室的桌前并且没有分心时,学习效率是否会更高?当你躺着或坐下时,哪样更能专注于自己的阅读?当你在一个安静的地方时,是否会难以集中注意力?你是否在图书馆里学习效率更高,在家里容易分心?

考虑一下以下问题，能帮助你确定自己最佳的学习方式、地点和时间：

- 家人的言行是否会让你分心？如果是，现在就是找一个安静学习场所的时间。
- 即使你能独立地做大多数作业，你是否仍然希望有父母在旁边帮助？如果是，找一个好的时间和场所（比如餐桌或客厅）让父母在自己身边，完成作业。
- 你是否会在学习20分钟之后就失去专注力，但却经常有需要1个小时才能完成的作业？如果是，你能将时间分成三个20分钟的时间段或者每隔20分钟休息一次吗？这是否能帮到你？
- 如果你习惯早起，你会在早上做家庭作业吗？如果是，你可能需要比自己想象中更多的时间，因而可能不会在上学前完成。（在从学校回到家时或者在学校的自习室就开始做作业，比早起或熬夜做作业要更好。）
- 如果你习惯晚睡，你能从学校回到家里后稍休息一下就开始做家庭作业吗？始终记住：如果你很晚才开始做作业，不仅会影响睡觉时间，而且第二天会感觉疲劳。

对于已经成为一名青少年的你来说，了解自己学习的最佳方式、场所和时间以及对自己最有效的组织方法，能帮助你做好有关学习的相应事情。

青少年
注意事项

- 任何时候,当你想走捷径时,请考虑一下后果!
- 组织有序、优先安排你的作业,制订一个能够减少情况恶化和节约时间的时间表。
- 每天学习一点不比一下子学习很多占用更多的时间,而且你的压力能小些!

在本章中,你读到在青少年时期如何处理发生变化的家庭作业的方法。还探讨了一些问题,比如有序安排工作的提示、学习方法以及避免走一些捷径的重要性。

结语

在你继续青春期的旅程时，想一想本书中的青少年是如何处理特定的变化和挑战的，你会发现它对你有帮助。但是，你是独一无二的，你要找到适合自己从孩子成为青少年的方法。

作者简介

温迪·L. 莫斯（Wendy L. Moss），美国职业心理学委员会委员，美国学校心理学学会会员。拥有临床心理学博士学位、心理医生执照和学校心理学执照。她在心理学领域有超过25年的工作经验，在医院、社区、诊所和学校都工作过。著有《我要做自己》《我要更坚韧》《学习可以更高效》，她还是《学校心理学杂志》的特约评论员。

唐纳德·A. 莫塞斯（Donald A. Moses），医学博士，其研究方向是青春期心理学。莫塞斯博士是有40多年经验的执业心理学家，曾在日间照料中心的药物滥用方面和住院戒毒疗程中担任心理顾问，现在马萨诸塞州纽约市的长岛北岸大学医院工作。在他的私人诊所，他是一名既能帮助儿童和青少年处理社会、家庭和学业的压力，又能够阻止和克服药物滥用的心理学专家。莫塞斯博士还著有《培养独立自信的孩子：父母给孩子的9种成长必备技能》，他经常出现在电视和广播上，探讨如何预防青少年滥用药物的问题。